中经“精品课程”系列

基于人格养成的主题阅读

谢圣国◎编著

中国经济出版社
CHINA ECONOMIC PUBLISHING HOUSE
·北 京·

图书在版编目（CIP）数据

基于人格养成的主题阅读 / 谢圣国编著. -- 北京：中国经济出版社，2025. 7. -- ISBN 978 - 7 - 5136 - 8339 - 5

Ⅰ. B844. 2

中国国家版本馆 CIP 数据核字第 202533TF77 号

选题策划 雷 生
责任编辑 彭 欣
责任印制 李 伟
封面设计 任燕飞

出版发行 中国经济出版社
印 刷 者 北京鑫益晖印刷有限公司
经 销 者 各地新华书店
开 本 787mm × 1092mm 1/16
印 张 13. 25
字 数 236 千字
版 次 2025 年 7 月第 1 版
印 次 2025 年 7 月第 1 次
定 价 49. 80 元
广告经营许可证 京西工商广字第 8179 号

中国经济出版社 **网址** http://epc. sinopec. com/epc/ **社址** 北京市东城区安定门外大街 58 号 **邮编** 100011
本版图书如存在印装质量问题，请与本社销售中心联系调换（联系电话：010 - 57512564）

编委会

主　编　谢圣国

参　编　胡国安　姚　菡　夏晓天
　　　　严诗瑶　赵　泉

PREFACE

序>>>

在人类文明的长河中，阅读始终是传承智慧、塑造精神的基石。当数字化浪潮裹挟着信息碎片奔涌而至，当人工智能技术重塑着人类社会的认知模式与生存形态，我们比任何时候都更需要思考：如何在纷繁世界中守护人性的光辉？如何让年轻一代在技术洪流中成长为兼具理性力量与人文情怀的完整的人？即将付梓的《基于人格养成的主题阅读》一书，正是对这一时代命题的深刻回应。尽管从学术的完整性、严谨性和具体内容的精准性来看，该书仍有不足，但作为一名长期关注、研究和推进全民阅读的学者，我深感此书不仅是一部教育方法论的著作，更是一份关于如何以阅读塑造人格的宣言，它不仅为新时代的阅读教育提供了颇具实践价值的行动参照，也为当代教育者提供了一条以阅读塑造人格、以经典滋养精神的可行路径。这，弥足珍贵！

教育的本质是“使人成为人”。从孔子“志于道，据于德，依于仁，游于艺”的教育理念，到蔡元培“教育者，养成人格之事业也”的办学主张，人格养成始终是教育活动的终极使命。然而，在技术加速解构人性、功利主义侵蚀价值的当下，教育正面临着前所未有的挑战：标准化知识传授可能被人工智能替代，快餐式阅读加剧认知浅薄，算法推送制造着信息茧房。面对这样的境遇，本书提出了一条弥足珍贵的实践路径——通过主题阅读这一“精神基因工程”，帮助青少年在文化经典与思辨对话中建构健全人格。这一主张既是对教育本质的回归，也是对技术时代人类独特价值的坚守。

主题阅读作为人格养成的关键路径，其核心价值在于将碎片化的知识整合为系统性的智慧，将被动接收的信息升华为主动建构的精神基因。本书无论是总体的设计编排，还是具体内容的呈现，都揭示了主题阅读的五大核心机制：文化经典的价值引领、思辨阅读的思维训练、情感共鸣的动态构建、实践体悟的社会化成长，以及对数字时代人格碎片化的主动对抗。这些机制共同构成了一个立体的教育生态，让阅读不再是单向的知识输入，而成为生命与世界对话、与历史共鸣、与自我和解的动态过程。当青少年在《论语》中领悟仁者爱人的伦理自觉，在《瓦尔登湖》中反思物质与精神的辩证关系，在《人类群星闪耀时》中体悟生命意义的追寻时，他们实际上正在完成一场精神的雕塑——将人类文明的基因镌刻进自己的精神结构。

本书的实践价值也比较突出。作者团队基于多年教育经验提炼的“五步多轮法”，将主题阅读从理论构想转化为可操作的育人范式。五个步骤环环相扣，既注重经典文本的深度浸润，又强调现实情境的体验转化；既重视理性思维的训练，又关注情感共鸣的唤醒。这种“阅读—思考—实践—再认知”的闭环设计，暗合了人格养成的内在规律：当青少年围绕“责任”“勇气”“共情”等主题词展开多轮次阅读与实践时，他们不仅在积累知识，更在经历价值观的碰撞、思维模式的升级和情感体验的深化。这种动态的建构过程，正是塑造“兼具个体独特性与社会适应性”健全人格的关键。

值得一提的是，本书的诞生本身即是主题阅读育人理念的生动实践。作为高校的党委书记、校长谢圣国，既是全民阅读的倡导者，也是教育改革的践行者。他带领研究团队将职业院校的务实精神与人文教育理想相结合，在教育领域开辟出人格养成的新阵地。这种探索不仅彰显了“立德树人”的教育初心，更揭示了技术教育与人文教育的深层关联——在人工智能可能很大比例替代标准化工作的未来，人格的独特性将成为人类不可替代的核心竞争力。翻开这本书，读者将踏上一段充满思辨与温情的阅读之旅。书中既有对《理想国》《道德经》等经典的现代诠释，也有对戏剧工作坊、生态体验等实践活动的创新设计；既有对“算法时代认知窄化”的深刻警醒，也有对“生命绽放人性光辉”的坚定信念。这些内容共同编织成一张立体的教育图谱，为教育工作者提供了兼具理论深度与实践温度的行动指南。

期待本书能摆放在更多教育者、更多父母的案头；期待更多青少年能在主题阅读中遇见更好的自己，让每一次翻书的摩擦声，都成为人格成长的拔节之音；期待阅读的光芒，照亮每一个生命成长的征途。

是为序。

刘　舸

湖南大学中国全民阅读研究中心主任、教授、博士生导师

2025 年夏于长沙

CONTENTS

目录 >>>

导 论

一直以来，无论是有关阅读的研究，还是有关阅读的实践，主题阅读都是个非常重要、非常关键的理论概念和实践性命题，而无论是对于个体，还是对于群体而言，主题阅读都是成为其人格养成的关键路径和“精神基因工程”。

主题阅读是思维的脚手架

所谓主题阅读，就是围绕某个特定主题，通过系统性地阅读相关书籍和资料，构建知识网络、实现意义整合并形成批判性认知的一种深度阅读方式。其本质是将信息转化为智慧的认知改变与提升过程。在快餐式阅读弥漫、知识碎片化加剧和人工智能大发展的今天，主题阅读如同一座思维脚手架，帮助我们在信息洪流中建构属于个体的认知殿堂，而这也正是终身学习者的核心生存技能。

与其他随机、随意的无主题阅读和浅层阅读方式相比，主题阅读有其鲜明的特点和独特的实践价值。主题阅读具有主动性，即阅读行为是由阅读主体自我主动发起和实施的、有计划的，不是被动接受的。主题阅读具有指向性，即阅读的对象和内容有一定的针对性，是围绕某个核心主题开展的，力图形成对某个主题或问题的多维度透视。主题阅读具有开放性，尽管阅读的内容具有一定的指向性，但并不局限于某个方面，无论观点相同还是相反，内涵还是外延，经典著作还是学术论文，艺术文本还是视频图片，只要与主题有关的，均属阅读的范畴。主题阅读具有思辨性，强调从点状阅读、线性阅读跃迁到网状思考，要求读者通过比较、批判、重构，形成自己的独立见解。此外，主题阅读还是弥补碎片化阅读缺陷、实现浅阅读与深阅读有机切换和互生共促的有效途径，因为在碎片化阅读和浅阅读的过程中，一旦我们遇到想继续了解和探究的知识、概念、观点和话题，我们可随时按照主题阅读的方式进行延伸阅读和深度阅读。

人格养成是教育的核心使命

人格是指个体在思想、情感、行为模式中表现出的稳定而独特的心理特征总和，具体表现在能力、气质、性格、需要、动机、兴趣、理想、价值观和身心体质等方面，是个体具有动力一致性和连续性的自我，是个体在社会化过程中形成的“精神指纹”，也是人类精神的终极雕塑。从广义上讲，人格有个体的人格，也有集体的人格，我们通常提及的往往是个体的人格。

人格的形成是一个多维度、动态化的系统工程，涉及生物遗传、环境塑造与个体自主构建的复杂互动。它既是生物进化、自然生长的结果，也是文化浸润、自我建构的成果。人格的形成犹如雕塑作品的形成，既受限于雕塑材料的天然纹路，又取决于雕刻家的每一次行为。在具体的实践中，人格的塑造包括家庭教育的影响、学校教育的干预、社会实践的淬炼、个体的自我建构，等等。

深入分析人格的本质和形成，我们就会理解到：人格并非先天宿命的囚徒，而是可以通过后天科学的努力塑造的，在尊重生物特征和生物生长规律的同时，通过环境影响、优质教育、社会实践等，帮助每个生命特别是年轻生命塑造出兼具个体独特性与社会适应性的健全人格，是可能之举、可行之举，也是必行之举。

教育的本质是“使人成为人”，是人类文明的传承与创新，教育最伟大的使命不是塑造适应现实的工具，而是培养创造未来的人。教育必须超越技艺传授，直指人的精神觉醒。从孔子“君子不器”的育人理念，到联合国教科文组织“学会生存”的现代宣言，古今中外，人格养成始终是教育活动的终极指向。在技术加速解构人性、价值虚无主义蔓延的当代社会，人格教育不仅是应对现代性危机的重要抓手，更是人类文明存续的精神根基，在人工智能可能替代80%标准化工作的未来，人格的独特性——创造、审美、共情、道德、勇气将成为人类最后的不可替代性。因此，人格养成理应成为教育的核心使命。

对于教育工作者而言，必须始终将帮助学生塑造健全的人格作为教育教学工作的出发点和立足点，并为此做出庄严承诺：让每个生命绽放人性光辉，让每个生命在纷繁世界中找到“成为自己”的勇气，让每个生命洞悉到通往善和幸福的内涵、可能与途径。

主题阅读是人格养成的关键路径

如前文所述，人格形成是生物遗传、环境塑造与个体自主构建共同作用的结果，既受制于先天的因素，又来自于后天的塑造，而主题阅读作为一种深度的阅读方式，通过系统性、思辨性的阅读活动，在文化的浸润中，在与历史、世界、智者和自我的对话中，在思维的锤炼中，从自我认知的迭代、价值观的建构、思维模式的升级、情感体验的深化等多维度介入人格发展，促进健全人格的养成，包括从被动接受者到主动思考者、从情感冲动到理性共情、从自我中心到人类关怀等。如在《理想国》的阅读中思考正义、在《道德经》的阅读中领悟辩证、在《百年孤独》的阅读中体味孤独，这些在阅读中体现的对话、思考、精神的相遇，思想认知的升华，终将沉淀为独特的人格特质。所以，主题阅读不仅是一种良好的学习方法，更是人格教育和人格养成的基石——它让生命在文化长河中找到精神坐标，在思辨对话中确立价值信仰，最终成长为兼具理性力量与人文情怀的完整的人。

主题阅读促进人格养成的核心机制在于通过系统性的知识整合与跨时空的思想对话，将外部基因转化为内在精神结构，最终塑造兼具稳定性与适应性的健全人格。这种核心机制的运行主要体现在以下几个方面：一是文化经典的价值引领。即从经典文本的人类文明“基因库”中汲取养分和智慧。如从《论语》中“己欲立而立人”的仁爱观，提升共情能力与社会责任感；从《尼各马可伦理学》中“德性即幸福”的观点，提升对“善”和幸福的理解与感悟；从《瓦尔登湖》中对物质主义文明的反思，塑造简约生活的价值观等。二是思辨阅读的思维训练。包括批判性思维、系统性思维、创造性思维阅读及训练等。如从《1984》与《美丽新世界》对极权社会的不同隐喻，培养独立判断力；从解读凡·高的《星空》的漩涡笔触与《禅与摩托车维修艺术》中的“良质”概念，提升对混乱中秩序的理解和不确定性的容忍；从《三体》的“黑暗森林法则”应用于人际伦理分析，激发创新意识等。三是情感共鸣的动态构建。即从角色探索和艺术的移情效应深化情感体验，促进人格整合。如通过共情《活着》中福贵的命运，深刻理解“苦难与韧性”的辩证关系；从《人类群星闪耀时》中的探险家故事与《平凡的世界》的乡土叙事，促使人对人生意义的主动探寻；从艾青、里尔克的诗歌中，唤醒对美的感知，提升情绪的调节能力等。四是实践体悟的社会化成长。即将主题阅读与实践活动相结合，形成“认知—体验—践行”的闭环。如通过戏剧工作坊演绎《雷雨》中的家庭冲突，提升人际沟通与冲突解决能力，在“简约生活”的主题下，组织学生体验和感受《瓦尔登湖》中的生态意识。五是数字时代“人格碎片化”的有意识对抗。即在算法推送导致认知窄化的当下，将主题阅读作为破壁信息茧房、重建深度思考、防范群体极化风险的关键武器。

基于人格养成的主题阅读实践

一般来说，开展主题阅读，应重点把握以下几个基本要点：

阅读主题的确定。这个主题视个体的需求而定，既可以是自己学习工作生活中急需了解和知道的，也可以是自己感兴趣的，既可以是自己重点关注和研究的，也可以是自己最近感到疑惑和不解的，既可以是比较具体的，也可以是比较抽象的。一般来讲，同一个时间段内，阅读的主题不宜过多，一个最好。

基本阅读范围和对象的确定。这个好理解，就是根据事先确定的主题，通过查阅图书目录、知识索引和他人指导建议，划定准备阅读的资料，这个资料既可以是成本的书籍，也可以是系列文章，既可以是纸质的，也可以是电子的。在划定阅读对象时，有两个方面需要注意：一是确定的阅读资料数量要适中，既不可以太少，也不可以太多，少了不利于知识信息获取的全面性，多了容易产生厌烦疲劳感。以一个一般性的主题为例，如果是整本书的话，建议一个主题在 5～8 本为宜，如果是系列文章的话，可以按照 10 篇论文折算成一本书的标准来确定。当然，如果是一般了解性的主题，数量会更少一些。二是阅读的对象和内容并不是一成不变的，在后续的阅读过程中可能会进一步完善和补充。

阅读的实施。就是对初步划定的阅读对象进行阅读。其中有三个要点要把握好：一是精读和略读的合理安排。对于划定的阅读对象，我们不可能实行无差别阅读，需要精读的我们就精读，可以略读的就略读，在实践中建议按照三七开或者四六开的方式来安排精读和略读数量。二是保持中立的态度。也就是说，对你所阅读的内容不能有先入为主的观点和倾向，而是要以兼容并蓄的态度广泛吸纳。三是边阅读边思考。在广泛吸纳、对比分析的基础上，逐步提炼和形成自己的知识和观点。需要注意的是，在主题阅读实施阶段，实时做好阅读笔记是有必要的。

解读，也称二次主题阅读。就是在完成预定书籍资料阅读、初步形成自己的知识和观点的基础上，针对更为完善的、深入的、具体的主题进行二次主题阅读，其基本步骤与上述三个步骤大体一致。与初始主题相比，这个阶段的主题蕴含了更多的自我内涵授予。这个步骤并非每次主题阅读时都会实施，有时即便实施了过程痕迹也不明显，但很重要，因为这是个再了解、再深化和再确认印证的过程。

认知体系和思维框架的集成。即在完成上述步骤后，对最后形成的概念知识、体会观点进行去伪存真和系统集成，形成自己的认知体系和思维框架。

前文我们重点论述了开展主题阅读的基本要点。接下来，我们以青少年为例，提出基于人格养成的主题阅读在实践中的具体运用，为便于掌握，我们将其总结为“五步多轮法”。

第一步：主题呈现与解析。选取与人格内涵有关的主题词，并将其基本含义予以讲解，让孩子们对相关主题词有个基本的了解和认知。这些人格主题词可以包括但不限于爱、善、责任、担当、诚信、正义、大度、感恩、幸福等。

第二步：书本（资料）推荐与阅读。围绕选定的人格主题词，推荐若干书本和文章，组织和激励孩子们进行阅读。其中，1 个主题推荐的书原则上不超过 3 本，如果是文章，原则上应在 5 篇以上。

第三步：交流分享与点评。孩子们把推荐的书或文章阅读完后，老师或家长组织孩子们开展相关主题阅读的交流分享，让孩子们围绕阅读后的感受就相关主题谈谈自己的心得，同时老师或家长进行适当的点评。

第四步：情景体验。结合相关人格主题词和阅读感悟，组织开展相关的体验活动，这种体验最好是现实中的情景体验，无法开展现实情景体验的，也可以采取模拟情景体验。

第五步：二次交流与点评。相关情景体验后，组织孩子们结合情景体验的感受和先前的阅读体会，就相关主题再次进行分享交流，老师或家长进行再次点评。

按照上述步骤与方法，每次围绕 1 ~ 2 个主题（最好是 1 个），通过多轮次的组织实施，逐步累积形成 10 个左右人格主题词的阅读与体验，久而久之，就会有效促进青少年健全人格的养成。

主题1

善　良

一、内涵解析

善良是指一个人内心具有仁慈、宽厚、乐于助人的倾向，并习惯性地表现出对他人的关怀和善意。一般来说，善良的人往往表现出同情心、同理心、宽容、无私等内在品质，比如主动帮助弱者、体谅他人难处、拒绝伤害他人等。这种品质不仅体现在行为上，还涉及动机和态度。

谈到善良，必定要提到善。但在日常生活和日常语境中，善良和善往往被交替使用，甚至混用。事实上，善良和善尽管道德属性一致，均属于正面道德范畴，代表符合社会普遍认可的伦理价值，且目标指向一致，但二者在哲学内涵、应用范畴、使用场景及表达维度上还是存在明显差异的。其中，善是涵盖动机、行为、结果的广义道德范畴，代表普遍的道德价值和理念，而善良则是善在个体身上的具体体现，它侧重于个人的性格特质和行为习惯，善提供道德判断的框架，善良则将抽象之善转化为具体实践。二者如同理论与实践的关系——善为善良提供价值依据，善良则为善做出生动注解，又如同地图与脚步的关系——善指引方向，善良则迈出步伐。

一直以来，善都是人类文明中最古老、最重要、最永恒的主题之一。在数千年的历史长河中，人类对善和善良的追问与探究如同普罗米修斯盗取的火种，始终照亮着文明的进程，也构成了人类精神史上最为璀璨的篇章。

中国文化对善的探究始于先秦，融合了儒家的伦理实践、道家的自然之德与墨家的功利之善，形成了以“人伦”为核心、以“天人合一”为终极指向的善论体系。其中，儒家以“仁”为核心界定“善”，强调善是内在德性与外在伦理的统一。孔子提出“克己复礼为仁”（《论语·颜渊》），将“善”定义为通过克制私欲、遵循礼义来实现对他人的关爱。孟子进一步发展为“性善论”，认为“善”是人性本有的良知良能：“恻隐之心，仁之端也；羞恶之心，义之端也”（《孟子·公孙丑上》），主张善的本质是对他人痛苦的共情与道德本能的扩充。道家从“道法自然”出发，认为“善”是顺应天道、不强行干预的本真状态。《道德经》言：“上善若水，水善利万物而不争”（第八章），以水的柔弱、处下、滋润万物而不居功，比喻最高的善是自然无为、不执着于外在功利。老子反对儒家刻意提倡的“仁义之善”，认为“大道废，有仁义”（《道德经》第十八章），真正的善应超越人为的道德规范，回归万物本然的和谐。庄子进一步提出“至人无己，神人无功，圣人无名”（《庄子·逍遥游》），将“善”升华为超越世俗是非、与宇宙合一的精神境界，强调去除分别心的“齐物之善”。墨家则以“兼相爱、交相利”为核心，将“善”定义为对天下人整体利益的维护。墨子反对儒家的等差之爱，主张“爱人若爱其身”（《墨子·兼爱上》），认为善的标准是“利人”“利天下”。墨家的“善”具有鲜明的功利主义色彩，强调通过实际效果（“兴天下之利，除天下之害”）来判断行为的善恶，如“功，利民也”（《墨子·经上》），将道德价值与社会功利直接关联，体现了早期实用主义伦理观。

西方对“善”的思考始于古希腊，历经中世纪宗教哲学、启蒙时期理性主义到现代伦理学的演变，形成了以“理性”为根基、以“幸福”“正义”为核心的善论传统。柏拉图在《理想国》中提出“善的理念”，认为善是超越一切具体事物的最高存在，是知识与真理的源泉，甚至高于“存在”本身：“善的理念是最大的知识问题，关于正义等等的知识只有从它演绎出来的才是有用和有益的”（《理想国》第六卷）。亚里士多德则将“善”从抽象理念拉回现实生活，提出“至善”是“灵魂合乎德性的活动”（《尼各马可伦理学》）。他区分了“工具善”（如财富、荣誉）与“目的善”（自身即值得追求的善），认为“至善”是通过实践理性实现的幸福生活，强调德性（如勇敢、节制、正义）是善的具体体现，且需在社会共同体中通过习惯养成。中世纪的基督教哲学将“善”与上帝的本质关联，认为上帝是“至善”，而人类的善在于对上帝的信仰与效仿。托马斯·阿奎那在《神学大全》中区分了“自然之善”（符合人性目的）与“超自然之善”（通过恩典获得救赎），强调善的终极指向是与上帝的合一。中世纪的“善”带有强烈的宗教义务论色彩，要求信徒通过禁欲、谦卑、博爱来践行神圣诫命。启蒙时期的康德在《道德形而上学原理》中提出“善良意志”是唯一无条件的善：“在世界之中，一般地，甚至在世界之外，除了善良意志，不可能设想一个无条件善的东西。”他强调善的本质在于动机的纯粹性，即出于“义务”而非功利或情感，通过“定言命令”——“要只按照你同时认为也能成为普遍规律的准则去行动”——来判断行为的道德性。功利主义代表边沁与密尔则反对动机论，主张“善”是“最大多数人的最大幸福”，通过“幸福计算”量化行为的善恶后果，将善的内涵从抽象理性转向社会福利的最大化。到了现当代，存在主义哲学家萨特认为“善”是个体自由选择的产物，反对普遍的道德法则；罗尔斯在《正义论》中提出“善的弱理论”，认为正义优先于善，社会基本结构需保障公平的善观念。

二、经典导读

《论语》

《论语》是记录春秋时期儒家创始人孔子及其弟子言行的语录体著作，由孔子弟子及再传弟子编纂而成，约成书于战国初期。该书以短小精悍的对话和格言形式呈现，集中体现了孔子的核心思想——仁（人本伦理）、礼（社会规范）、中庸（实践智慧）以及教育理念，奠定了儒家学说的基础，被尊为“五经之冠冕，百世之师表”。

原文

子贡问曰：“有一言而可以终身行之者乎？”子曰：“其‘恕’乎！己所不欲，勿施于人。”

（《卫灵公·第二十四章》）

译文

子贡问：“有没有一个字可以终身奉行？”孔子答：“大概是‘恕’吧！自己不愿承受的事，不要强加于人。”

解析

强调“恕”是善的最低底线，以同理心避免伤害他人。“己所不欲，勿施于人”也被称作“银律”，与“己欲立而立人”的“金律”互补，构成儒家善的双重维度。

原文

子贡曰：“如有博施于民而能济众，何如？可谓仁乎？”子曰：“何事于仁，必也圣乎！尧舜其犹病诸！夫仁者，己欲立而立人，己欲达而达人。能近取譬，可谓仁之方也已。”

（《雍也·第三十章》）

译文

子贡问：“如果有人能广泛施惠于民、救济众生，这人算仁吗？”孔子答：“这岂止是仁？简直是圣德！尧舜都难做到！仁者，自己要立身，便帮助他人立身；自己要通达，便帮助他人通达。能从切近之事推己及人，就是行仁的方法。”

解析

提出“立人达人”是善的主动实践，是超越自我利益的体现。强调善需要具体化，从身边小事推及他人，反对空谈道德。

原文

子曰：“见贤思齐焉，见不贤而内自省也。”

（《里仁·第十七章》）

译文

孔子说：“见到贤人，就想着如何向他看齐；见到不贤之人，便自我反省是否也有类似缺点。”

解析

强调善的修养需借助外部榜样（贤者）与内在自省（批判自我）实现，而道德的成长则是持续比对、修正的过程，而非一蹴而就。

原文

子曰：“道之以政，齐之以刑，民免而无耻；道之以德，齐之以礼，有耻且格。”

（《为政·第三章》）

译文

孔子说：“用政令引导百姓，用刑罚约束他们，百姓会免于犯罪但无羞耻心；用道德引导，用礼教规范，百姓会有羞耻心且自觉归正。”

解析

强调法律仅约束行为，德礼教化能培养内在的善（羞耻心），主张以道德而非暴力实现社会和谐，同时强调善需制度与教育共同塑造。

《孟子》

《孟子》是战国时期儒家代表人物孟轲及其弟子编撰的思想著作，位列“四书”之一，是儒家经典的核心文本。该书以对话体形式展开，系统阐述了人性本善、仁政、民本等思想，继承并发展了孔子学说，奠定了儒家心性哲学的基础，被誉为“亚圣”之书。

原文

孟子曰：“人皆有不忍人之心。先王有不忍人之心，斯有不忍人之政矣。以不忍人之心，行不忍人之政，治天下可运之掌上。

所以谓人皆有不忍人之心者，今人乍见孺子将入于井，皆有怵惕恻隐之心。非所以内交于孺子之父母也，非所以要誉于乡党朋友也，非恶其声而然也。

由是观之，无恻隐之心，非人也；无羞恶之心，非人也；无辞让之心，非人也；无是非之心，非人也。

恻隐之心，仁之端也；羞恶之心，义之端也；辞让之心，礼之端也；是非之心，智之端也。

人之有是四端也，犹其有四体也。有是四端而自谓不能者，自贼者也；谓其君不能者，贼其君者也。

凡有四端于我者，知皆扩而充之矣，若火之始然，泉之始达。苟能充之，足以保四海；苟不充之，不足以事父母。”

（《公孙丑上·第六章》）

译文

孟子说：“每个人都有不忍伤害他人的心。古代圣王因为有不忍人之心，才实行了不忍伤害百姓的仁政。用这样的心推行这样的仁政，治理天下就像在手掌上转动东西一样简单。

我之所以说人皆有不忍人之心，是因为假如有人突然看见小孩要掉进井里，都会立刻产生惊惧同情之心。这种反应不是为了讨好孩子的父母，不是为了博取邻里赞誉，也不是因为厌恶孩子的哭声。

由此可见，没有恻隐之心的人不配称为人；没有羞耻之心的人不配称为人；没有谦让之心的人不配称为人；没有是非之心的人不配称为人。

恻隐之心是仁爱的萌芽，羞耻之心是道义的萌芽，谦让之心是礼仪的萌芽，是非之心是智慧的萌芽。

人拥有这四种善端，就像有四肢一样自然。有这四端却说自己做不到善的人，是在自我戕害；说他的君主做不到善的人，是在戕害君主。

凡是知道自己有这四端的人，都懂得要扩充它们，就像火苗开始燃烧、泉水开始涌出。如果能扩充四端，足以安定天下；如果不能，连赡养父母都做不到。”

解析

强调“恻隐之心、羞恶之心、辞让之心、是非之心”是人之四端，如同四肢，是人之为人的本质，强调缺乏四端即丧失人性资格。

原文

告子曰：“性犹湍水也，决诸东方则东流，决诸西方则西流。人性之无分于善不善也，犹水之无分于东西也。”

孟子曰：“水信无分于东西，无分于上下乎？人性之善也，犹水之就下也。人无有不善，水无有不下。今夫水，搏而跃之，可使过颡；激而行之，可使在山。是岂水之性哉？其势则然也。人之可使为不善，其性亦犹是也。”

（《告子上·第二章》）

译文

告子说：“人性如同湍急的流水，东边开缺口就向东流，西边开缺口就向西流。人性本无善恶之分，就像水不分东西流向。”

孟子说：“水的确不分东西流向，但难道不分上下吗？人性本善，如同水必然向下流。人没有不向善的，水没有不向下的。但若拍打水花，可让它飞溅过额头；阻挡水势，可引它逆流上山。这难道是水的本性吗？是外力迫使的。人之所以作恶，也是因环境所迫，并非本性如此。”

解析

集中体现了孟子“性善论”的核心逻辑与哲学深度。以水向下流动比喻人性必趋善，强调善的非外部强加性。

原文

孟子曰：“鱼，我所欲也；熊掌，亦我所欲也。二者不可得兼，舍鱼而取熊掌者也。生，亦我所欲也；义，亦我所欲也。二者不可得兼，舍生而取义者也。

生亦我所欲，所欲有甚于生者，故不为苟得也；死亦我所恶，所恶有甚于死者，故患有所不辟也。”

（《告子上·第十章》）

译文

孟子说：“鱼，是我想要的；熊掌，也是我想要的。若不能兼得，便舍鱼而取熊掌。生命，是我想要的；道义，也是我想要的。若不能兼得，便舍生而取义。

生命是我所喜爱的，但我所喜爱的还有胜过生命的东西，所以我不做苟且偷生的事；死亡是我所厌恶的，但我所厌恶的还有胜过死亡的东西，所以有的灾祸我不躲避。”

解析

集中体现了孟子“舍生取义”的核心伦理观，通过“鱼与熊掌”的经典比喻，揭示了人性在道德抉择中的崇高性与自主性，体现了善的绝对价值。提醒人应超越本能欲望（求生、恶死），以“舍生取义”守护善的原则。

《理想国》

《理想国》是古希腊哲学家柏拉图的哲学对话录，意为“城邦的政体”。全书以苏格拉底为主角，通过对话形式探讨了正义、善、灵魂与理想政体的本质，是西方哲学史上第一部系统论述政治哲学、伦理学与形而上学的经典著作。其核心思想围绕“善的理念”展开，主张唯有哲学家通过理性统治，才能实现个人与城邦的至善。

原文（古希腊语直译）

善的理念是最大的知识问题……正义和美德只有在与善相关时才有用。善是真理与理性的源泉，在可知世界中，它既是真理的主宰，又是被认知者的光明。正如太阳使可见世界中的眼睛能看见物体，善的理念使灵魂的理性能够认识真理。善本身不是存在，而是超越存在，在尊严与力量上高于存在。

（第六卷）

解析

将善比作太阳，赋予万物存在与可知性。强调真理是光，理性是视觉，而善则是“超越存在”，是形而上的终极原则，统摄一切道德与知识。

原文（古希腊语直译）

将一条线分为两部分，一部分代表可见世界，另一部分代表可知世界……可知世界的更高部分是善的理念，它不依赖假设，而是所有真理的起点。那些通过辩证法摆脱感官束缚的人，最终将抵达这一终点。

（第六卷）

解析

强调善的终极性，即善是知识的公理，无须证明却支撑一切推导。

原文（古希腊语直译）

想象一个洞穴式的地下室，囚徒自小被锁住，只能看见火光投射到墙上的影子。若有人挣脱锁链，转身看见火光与实物，继而走出洞穴见到太阳，他将经历痛苦却逐渐理解真实……哲人的责任是返回洞穴，告诉囚徒真相，哪怕被嘲笑或杀害。

（第七卷）

解析

强调认识善的理念后，必须返回城邦启蒙他人，即使牺牲生命（影射苏格拉底之死）。

原文（古希腊语直译）

除非哲学家成为国王，或者国王成为哲学家……否则城邦与人类的苦难将永无终结。

（第五卷）

解析

强调哲学家的本质是“看见过美、正义与善本身的人”，其灵魂已转向真理。提倡通过辩证法制定法律，以善为模板塑造城邦。

《尼各马可伦理学》

《尼各马可伦理学》是古希腊哲学家亚里士多德的伦理学代表作，以其子尼各马可命名。该书系统探讨了幸福、德性、善与实践智慧等核心问题，是西方伦理学史上第一部体系化伦理学著作，深刻影响了后世道德哲学。

原文（古希腊语直译）

每一种技艺与每一种研究，同样地，人的每一种实践与选择，都似乎以某种善为目的。因此，善被正当地宣称为所有事物的目的……如果在我们活动的目的中有某种因其自身而被追求的目的，而其他目的皆因它而存在，且我们并非选择所有目的都为了其他事物（否则将无限后退，一切欲求将空洞无意义），那么显然这一目的就是善本身，即最高善。

（第一卷·第一章）

解析

亚里士多德以目的论确立善的等级性，强调具体善（如医术以健康为目的）是手段善，而幸福是自足的终极善，也是最高善，主张善必须具体化于人类实践。

原文（古希腊语直译）

人的善是灵魂合乎德性的实现活动。若德性有多种，则依据最好且最完善的德性……在一生中完成。一只燕子或一日晴空造不成春天，一日或短暂的善行也不能使人得享福祉。

（第一卷·第七章）

解析

主张幸福需通过一生践行德性实现，强调善的持续性。短暂善行或偶然快乐无法构成幸福，唯有稳定的德性活动才能达成至善。

原文（古希腊语直译）

德性是一种选择的品质，存在于相对于我们的适度之中。这种适度由逻各斯（理性）规定，如同明智的人会做的那样。德性是两种恶——过度与不及——的中道。

（第二卷·第六章）

解析

提出德性即“中道”，如勇敢是怯懦（不足）与鲁莽（过度）的适度。强调善的实现需理性判断具体情境，而非机械遵循规则。

原文（古希腊语直译）

如若幸福是合乎德性的活动，那么合乎最高德性的活动必是最幸福的。这种活动就是沉思……它最为自足，最少依赖外物，且因其自身而被热爱。这种生活高于人类的一般生活，因为人不是以人性之身过此生活，而是以人中的神性部分生活……与神相比，这种生活是微弱的，但相较于人类生活，它是最接近神性的幸福。

（第十卷·第七章）

解析

提出沉思是最高形式的善，因为其完全自足且符合理性本质。亚里士多德甚至将沉思与神性类比，暗示至善超越世俗功利，是理性生命的终极归宿。

原文（古希腊语直译）

德性与恶皆在人的能力范围内……我们对自己的品格负有责任。我们通过行公正之事成为公正之人，行节制之事成为节制之人。若有人无知于通过特定行为可塑造品格，那是他自己疏于学习……因此，善与恶皆为自愿。

（第三卷·第一章）

解析

强调了道德的责任。提出善与恶源于自由选择，人需通过持续实践德性行为塑造品格。

《双城记》

《双城记》是英国作家查尔斯·狄更斯于1859年发表的长篇小说，以法国大革命为背景，通过巴黎与伦敦两座城市的对比，探讨了压迫与复仇、牺牲与救赎、人性善恶的辩证关系。小说以“这是最好的时代，也是最坏的时代”开篇，以恢宏的史诗笔触展现了个人命运在历史洪流中的挣扎，同时通过卡顿的自我牺牲，歌颂了人性之善的崇高力量。

原文（孙法理译本）

我现在所做的，是我一生中做过的最好、最崇高的事。我即将获得的，是我一生中最安详、最甜蜜的休息。

他走向断头台时，目光平静，仿佛在说："复活在我，生命也在我。信我的人，虽然死了，也必复活；凡活着信我的人，必永远不死。"

这是一个美好的城市，值得为之牺牲。

（第三卷·第十五章）

解析

卡顿以基督式的献身精神，用死亡换取露西一家的幸福，他的牺牲超越个人情感，成为对人性之善的终极诠释。引用《圣经·约翰福音》中的"复活在我"，暗示善的永恒性——个体死亡无法湮灭善的精神传承。

原文（孙法理译本）

马内特医生在巴士底狱的牢房里，用铁钉在墙上刻下："D. I. G.（狄更斯注：意为'上帝怜悯'）"和"希望"。

他秘密医治其他囚犯，尽管自己濒临崩溃，仍用破布为受伤者包扎，并低声安慰："活下去，等待光明。"

解析

在极端压迫中，马内特医生仍以医术和信仰守护人性，其在墙壁上所刻下的"上帝怜悯"和"希望"是黑暗中的精神火种。其善举超越政治立场，体现对生命的普遍尊重。

（第二卷·第二十一章）

原文（孙法理译本）

露西每天风雨无阻地站在监狱外，只为让父亲马内特从窗口望见她。她对卡顿说："即使您不值得信任，我仍愿相信您心中有一丝善良。"她拥抱被众人唾弃的德伐日太太："仇恨无法填补空虚，只有爱可以。"

（第二卷·第五章）

解析

露西用她的纯洁与宽容感化了卡顿，使其从堕落中觉醒，体现出了善的感召力。她对德伐日太太的拥抱，象征以爱消解仇恨的尝试，尽管最终失败，却凸显善的悲剧性崇高。

原文（孙法理译本）

洛瑞先生护送马内特医生逃离巴黎时，将颤抖的医生拥入怀中：“先生，过去的苦难已经结束，您现在是一个自由的人。我以银行家的名誉起誓，会保护您和您的女儿。”

他终生信守承诺，成为露西一家的守护者。

（第一卷·第四章）

解析

洛瑞的善体现在日常的忠诚与责任感中。他并非英雄，却以“银行家的名誉”为信条，展现了普通人践行善的可能。他的守护跨越数十年，证明善无须惊天动地，贵在始终如一。

原文（孙法理译本）

普罗斯小姐与德伐日太太搏斗时高喊：“只要我活着，你就休想伤害露西！”

她死死抓住德伐日太太的腰，直到听见马车远去，才松开手大笑：“你这恶魔，我赢了！”

爆炸声中，她双耳失聪，却平静地说：“我终于做了件有用的事。”

（第三卷·第十四章）

解析

普罗斯小姐相貌丑陋、性格暴躁，但她的牺牲证明善无关阶级与外表。她以肉身对抗德伐日太太的仇恨，象征善对恶的最后一击——暴力随两人同归于尽，而爱得以延续。

《安妮日记》

《安妮日记》是犹太少女安妮·弗兰克在二战期间为躲避纳粹迫害，藏身于荷兰阿姆斯特丹“秘密后屋”时写下的日记。日记记录了 1942 年 6 月至 1944 年 8 月，安妮与家人及另外四名犹太人的藏匿生活，以及她对战争、人性、成长的深刻思考。1944 年 8 月，藏身处遭告密后被纳粹发现，安妮被送往集中营，1945 年因伤寒病逝。其父奥托·弗兰克（唯一幸存者）将日记整理出版，成为 20 世纪最具影响力的战争文献之一，被誉为“人类精神在至暗时刻的光辉见证”。

原文（彭顺生译本）

尽管发生了这一切，我仍然相信人们的内心其实是善良的。

我无法将自己的生活建立在混乱、痛苦和死亡之上。我感受到万物的蜕变，正像周遭的残暴一样野蛮。我听见渐近的雷声，它将毁灭我们。我感受到千万人的苦难。然而，如果我仰望苍穹，我相信一切都会变好，这样的残酷终将结束，和平与安宁终将回归。

与此同时，我必须坚守自己的理想。也许有一天，这些理想会实现！

解析

体现了安妮对人性本善的信念，她在目睹人性最黑暗的暴行后，仍以近乎殉道者的信念坚守“人性本善”。她将善视为“必须坚守的理想”，而非现实必然，赋予善以超越性的精神价值。

原文（彭顺生译本）

米普像驮着重物的骡子，每天为我们带来食物和书籍。库格勒先生总说“别担心”，却默默承担被发现的致命风险。

他们本可以视而不见，却选择为我们赌上性命。我问爸爸：“他们为什么这样做？”爸爸回答：“因为善良不需要理由。”

解析

米普、库格勒等荷兰帮助者冒着生命危险支援藏匿者，体现善的纯粹性——不求回报，只因“应当如此”。而他们日常的善举（送食物、书籍）在战争背景下也成了对抗暴政的无声反抗。

原文（彭顺生译本）

为什么有些人选择善良，而另一些人成为恶魔？也许每个人都有善恶两面，只是环境逼迫他们做出选择。

我常想：如果我们是自由的，彼得还会那样阴郁吗？爸爸还会那样沉默吗？而我会不会变成一个肤浅的女孩？

战争扭曲了人性，但无法杀死所有人性。

解析

安妮意识到善恶选择受外部压迫影响，但强调“人性不可被完全扼杀”。她警惕环境对自身的异化，试图在黑暗中保持善的自觉性。

原文（彭顺生译本）

彼得问：“你相信上帝吗？”

安妮答：“我相信一种力量，或许不是宗教的上帝，而是人性中的光。

看看米普和那些帮助我们的人——他们的光从未熄灭。只要这光存在，我就有理由活下去。”

解析

安妮将“人性之光”视为宗教的替代品，赋予善以神圣性。他人的善行也成为她对抗绝望的精神支柱。

原文（彭顺生译本）

我希望死后仍能活着……我想为世界带来快乐，帮助那些受苦的人。

也许我的日记能让人记住：一个普通的犹太女孩如何在恐惧中坚持相信善良。

如果上帝让我活下去，我定不会虚度人生。我要为全人类发声！

解析

安妮希望以日记延续生命，让善的精神超越个体死亡。她将“帮助他人”视为生命最高目标，即便自己可能无法幸存。

《格林童话》

《格林童话》是由德国语言学家雅各·格林和威廉·格林兄弟于19世纪初收集、整理并出版的民间故事集，首版名为《儿童与家庭童话集》。全书包含200余篇故事，如《灰姑娘》《白雪公主》《小红帽》《糖果屋》等，内容融合奇幻、道德训诫与民间智慧，通过善恶分明的叙事结构传递“善良终将战胜邪恶”的价值观。《格林童话》虽以儿童文学形式呈现，但其对人性、阶级、性别等问题的隐喻，使其成为研究欧洲民间文化与社会伦理的重要文本。

原文（杨武能译本）

灰姑娘的两位姐姐跑来假惺惺地祝贺她，想和她套近乎。可当她们一起走过母亲的坟头时，突然飞来两只鸽子，啄瞎了她们的眼睛。灰姑娘虽然记得她们从前的恶毒，却依然为她们请求宽恕。但鸽子说："她们必须为自己的罪孽付出代价。"

《灰姑娘》

解析

灰姑娘在长期虐待中保持善良，最终以美德赢得幸福。

原文（曹乃云译本）

白雪公主恳求道："请让我留下吧！我会为你们打扫、做饭、缝补衣物。"小矮人们见她如此美丽又可怜，便说："如果你能遵守我们的规矩——不偷懒、不说谎、不擅自出门——就可以留下。"

白雪公主尽心尽力地操持家务，小矮人们也越来越喜爱她。

《白雪公主》

解析

小矮人们因白雪公主的勤劳与真诚提供庇护，体现了善的交换与共生。

原文（杨武能译本）

猎人听到鼾声如雷，进屋一看，发现狼肚子鼓得老大。他立刻剪开狼的肚皮，救出了小红帽和奶奶。

小红帽说："我发誓，再也不独自离开大路跑进森林了！"

猎人将狼皮剥下带回家，奶奶吃了小红帽带来的蛋糕和葡萄酒，恢复了健康。

《小红帽》

解析

猎人代表社会权威与正义力量，以行动挫败邪恶（狼的贪婪），小红帽的"发誓"则暗示善需以遵守规则为前提，天真需与谨慎并存。

原文（曹乃云译本）

汉塞尔偷偷将口袋里的面包屑撒在路上，说："这样我们能找到回家的路。"

尽管后来鸟儿吃掉了面包屑，但兄妹俩凭借勇气与机智，用计让巫婆靠近火炉查看，趁机将她推进火中烧死。

他们带着巫婆的财宝回到父亲身边，从此不再挨饿。

《糖果屋》

解析

汉塞尔与格莱特以团结和机智力克巫婆的恶意，强调善需智勇双全。兄妹的胜利也象征贫困者对压迫（遗弃、剥削）的反抗。

原文（杨武能译本）

公主为解除哥哥们的诅咒，六年内不得说话、不能笑，还要用荨麻编织六件衬衫。

即使被诬陷为女巫、绑上火刑架，她仍沉默地编织。当最后一刻她将衬衫抛向天鹅，哥哥们恢复人形，她终于开口："我是无辜的！"

国王流泪拥抱她，民众为她欢呼。

《六只天鹅》

解析

公主以沉默与痛苦拯救亲人，展现善的极致隐忍与无私。暗示沉默象征善的纯粹性，开口申辩则标志善的胜利与真相昭雪。

《艾希曼在耶路撒冷：一份关于平庸的恶的报告》

《艾希曼在耶路撒冷：一份关于平庸的恶的报告》是汉娜·阿伦特于 1963 年发表的哲学报告，基于她为《纽约客》杂志报道纳粹战犯阿道夫·艾希曼耶路撒冷审判的观察。书中提出"平庸之恶"概念，颠覆了传统对恶的认知：恶并非源自恶魔般的邪恶本质，而是源于普通人放弃思考、盲目服从体制的"无思性"。阿伦特通过艾希曼这一官僚化刽子手的形象，揭示了极权主义如何通过消解个人道德责任，将恶转化为日常行政程序。

原文（安尼译本）

艾希曼的可怕之处在于他如此正常……这种正常性比所有暴行总和更令人恐惧，因为它暗示此类新式罪犯——他们以服从为天职，在罪行中却自视为守法公民——可能在无数地方重现。

极权主义并未创造“恶魔”，而是发明了一种使普通人无须成为恶魔就能行恶魔之事的系统……恶的平庸性正在于此：它不要求你成为撒旦，只需你成为齿轮。

（结语）

解析

阿伦特打破“极端之恶”的浪漫化想象，指出现代社会的恶根植于体制化的“无思性”，提出若恶是“无思”，善则是“思考的勇气”。

原文（安尼译本）

当德国要求丹麦政府驱逐犹太人时，丹麦官员回答：“我国没有犹太人，只有丹麦公民。”

普通市民将犹太人藏在家中，渔夫们连夜用船只将他们送往瑞典。丹麦的抵抗证明：即便在最黑暗的时代，人们仍能选择不成为凶手。

（第九章）

解析

丹麦的案例表明，当多数人拒绝合谋时，极权机器将难以运转。善不是英雄壮举，而是普通人的微小抵抗。

原文（安尼译本）

思考的能力——即与自我对话的习惯——是避免沦为作恶机器的关键。

那些拒绝思考的人，将自身变成“无人的工具”，他们并非无知，而是拒绝面对良知的拷问。

（结语）

解析

阿伦特将苏格拉底式的“自我对话”视为抵御恶的根本方法，提出思考是道德判断的前提。

原文（安尼译本）

艾希曼反复强调“我只是执行命令”“我一生恪守康德的道德律”，却从未意识到康德伦理的核心是“人是目的而非手段”。

（第四章）

解析

阿伦特揭示艾希曼对康德伦理的扭曲，强调真正的道德律必须基于人的尊严。

三、实践延伸

（一）自我审视

（1）在你心目中，“善”与“恶”的标准和界限是什么？

（2）看到他人犯错，你是否习惯苛责评判，却忘了问自己“如果我是他，是否也需要一份包容”？

（二）情境设定

某网络社区里，“键盘侠”们正在对受害者进行羞辱，理性分析的评论则被淹没在情绪化的浪潮中。刚注册账号的你盯着闪烁的输入框，发现自己关注的“大V”正在带节奏转发未经证实的细节。

建议阅读：《论语·卫灵公》，思考怎么理解“己所不欲，勿施于人”，学会换位思考，以尊重和体谅的态度对待他人。

行为实验：假设自己是网络社区管理员，为网络社区制定10条规则，范围包括言论约束、行为限制、资源使用、惩罚机制等。制定完毕后，再来看看这些规则中哪些是自己曾经最为讨厌的约束行为。

（三）实践活动

（1）以“被忽视的温柔与善良”或“角落里那些容易被忽视的艰难”为主题，拍摄一组照片，通过艺术创作感知和激活直觉层面的善意。

（2）采访家族长辈，收集家族中2～3辈人经历过的真实善举案例，分析家族善意传承与社会变迁的关系，设计一个“跨代际善意传递”行动计划。

主题2

真　诚

一、内涵解析

什么是“真诚”?《辞海》认为:“真诚”指真实诚恳,强调言行与内心一致,不虚伪、不做作。通常用于形容人的态度或情感,体现对他人或事物的坦诚与信任。从伦理学的角度来看,“真诚”常被视作道德品质的核心,强调内在真实与外在表达的统一性;而在人际交往中,“真诚”着重突出摒弃虚假、以诚相待的准则。跨文化视野下的真诚呈现出三重本质:在伦理学层面是道德勇气,要求抵抗异化保持本真;在认识论层面是自我觉知,需要穿透社会面具洞察本心;在存在论层面则是生命姿态,体现为对生存真实性的不懈追求。这种多维属性使真诚既不同于功利主义的诚实策略,也有别于浪漫主义的情绪宣泄,而是人类在符号化生存中守护主体性的永恒努力。

在中国传统文化语境中,“真”和“诚”本来是两个字。一般来说,“真”是道家的传统,“真人”是修道的极高目标。《庄子·大宗师》云:“何谓真人?古之真人,不逆寡,不雄成,不谟士。”又说“古之真人,不知说生,不知恶死。”道家所谓“真”既不是现代西方科学和实证哲学所谓认识与客观相符的概念,也不是现代价值观重视的不欺骗、不做作的主观状态,而是人的生活与自然天道顺应无违的意思。合于天道自然就叫“真”,不合天道自然就叫“伪”。“诚”则更多是来自儒家的传统。“诚”的思想,在儒家传统中影响最大的文献是《大学》和《中庸》。《大学》的“诚意”思想深入人心,影响深远:“所谓诚其意者,毋自欺也。如恶恶臭,如好好色,此之谓自谦。”“诚”不完全是个人主观状态能定义的,“诚意”是发自内心自然的、不自欺的“恶恶臭”“好好色”。《中庸》关于“诚”和“诚之”的思想博大精深:“诚者,天之道也;诚之者,人之道也。诚者,不勉而中,不思而得,从容中道,圣人也。诚之者,择善而固执之者也。”

诚不是人的主观状态，而是天道自然的运化、显现，与道家不同的是，这个天道自然是有伦理道德含义的。

从以上道家、儒家的表述中可知，“真”与“诚”虽然含义与来源不完全相同，但都具备纯粹而无凿伪之义，由此逐步衍生出“真诚”一词。千百年来，真心诚意的心性，成为一代又一代中国人对真善美价值追求的人生信仰。由此，“真者，精诚之至也；不精不诚，不能动人”“真诚所至，感天动地；精诚所至，金石为开”，“真诚”以其所承载的真实且自然的本性、诚挚且无私的表达、执着且热烈的期待等，沉淀为一种被全社会认同的人格符号。

在西方思想史上，“真”是最为普适的价值观之一。“真、善、美”作为形而上学、伦理学与美学的究极概念，是理想主义者几千年来所追求的对象。“真诚”也被上升为几乎唯一的“德性”，主要有两个原因：一是科学知识崇拜，二是基督教的忏悔传统。从奥古斯丁的《忏悔录》到卢梭的《忏悔录》，基督教的古今真诚一以贯之。作为一种人与人之间交往态度的表现，“真诚”以“真理”为基础，侧重于诚实地表达思想，愿意对话、以理服人，并随时准备接受或回应他人对自己的基于理由的批评和质疑。由此，“真诚”以其兼具的社会道德的判断力，逐步发展成为一个伦理学问题。

“真诚”一词作为一种尤其可贵的人格气质走进大众视野，与心理学的发展密切关联。美国认知心理学家安德森通过各种实验调查研究发现：在人际关系中，受喜爱程度最高的人格品质之一就是真诚。那什么是真诚呢？心理学家对真诚的普遍定义是：你的言行能反映你的价值观和身份认同，看似和诚实是一个意思，但是真诚更加强调的是，这种真实要建立在尊重和理解别人的基础上。以研究积极心理学闻名的心理学家亚历克斯·伍德提出，真诚可以从三个维度考察：你是不是足够了解你自己？你生活中的言行是不是体现了你真正的感受和想法？你是不是不太容易受到外部的影响，会不会因为场合的变化而刻意改变自己的行为？修炼成为一个真诚的人与一个人选择的稳定性、行动的结果息息相关，需要稳定的内核、对他人与世界的敬畏之心，持续学习交流的技巧和保持真我的勇气。

二、经典导读

《儒林外史》

《儒林外史》是我国文学史上一部杰出的现实主义长篇讽刺小说，其主旨是"写世间真事"，穷极文人情态，针砭时弊，讽喻世人。小说以人物故事会的形式，用对比的方式，塑造了周进、范进、马二先生、匡超人、严监生等受科举制度摧残的陋儒、假儒、迂儒形象，也生动展现了以杜少卿、庄尚志、迟衡山、虞博士为代表的洁身自爱、崇尚礼乐的真儒贤人。

杜少卿是吴敬梓以自己为原型塑造的一批真儒名贤之一，"真诚"品质是这一人物形象的核心特征之一，吴敬梓通过这一角色，构建了一个与传统儒林虚伪风气相对立的理想人格。身处在"世人一见了功名，便舍着性命去求他"的荒诞世界里，杜少卿始终保持着"山水朋友之乐"的天真，将真诚体现在待人接物中，更渗透于他对生命价值、道德准则的坚守里，这种品质使杜少卿不仅成为《儒林外史》中最具人格魅力的角色，更升华为中国文学史上不朽的精神坐标。

原文

杨裁缝磕头道："小的母亲死了，棺材衣服一件没有，求少老爷赏几两银子。"杜少卿道："你要多少银子？"裁缝道："小户人家，怎敢望多？少老爷若肯，多则六两，少则四两罢了。"杜少卿惨然道："我那里要你还！你虽是小本生意，这父母身上大事，你也不可草草。将来就是终身之恨。几两银子如何使得？至少也要买口十六两银子的棺材，衣服、杂费共须二十金。我这几日一个钱也没有。——也罢，我这一箱衣服也可当得二十多两银子。王胡子，你就拿去同杨司务当了，一总把与杨司务去用。"

（第三十二回 杜少卿平居豪举 娄焕文临去遗言）

解析

真诚，第一要义是待人接物的真实，不虚伪，言行一致，还有对自我价值的坚持。当杜少卿得知杨裁缝因母丧无钱下葬，毫不犹豫将价值二十多两银子的整箱衣服相赠。尽管此时他已家财散尽，连日常用度都需典当，仍坚持"父母身上大事不可草草”，甚至主动将对方所求的“四两银子”提升至“二十两”，足见其真诚超越了世俗的金钱算计，对底层百姓的悲悯发自本心。

原文

这日杜少卿大醉了，竟携着娘子的手，出了园门，一手拿着金杯，大笑着，在清凉山冈子上走了一里多路。背后三四个妇女，嘻嘻笑笑跟着。两边看的人目眩神摇，不敢仰视。

（第三十三回 杜少卿夫妇游山 迟衡山朋友议礼）

解析

真诚，就是不惧流言，能够超越性别偏见，超越礼法束缚，执着地表达“我”思“我”想“我”愿。在程朱理学强调“男女授受不亲”的时代，杜少卿以真诚为武器，将夫妻之爱从伦理枷锁中解放出来，既是一种突破礼教的行为艺术，又是对虚伪纲常的彻底解构。

《红楼梦》

《红楼梦》是我国古代四大名著之一，属章回体长篇小说，小说以宝黛爱情悲剧为主线，以四大家族的荣辱兴衰为背景，描绘出18世纪中国封建社会的方方面面，以及封建专制下新兴资本主义民主思想的萌动。书中，贾宝玉与林黛玉以血泪浇灌的情缘，既承载着前世“木石前盟”的因果，又裹挟着现世“金玉良缘”的桎梏，“眼泪还债”和“白茫茫大地真干净”的结局也预示着来世的虚无。作为全书最核心的情感主线之一，他们的交往处处体现着“至情至性”的真诚品质，他们的爱情超越了世俗功利与礼教束缚，是封建时代背景下人性本真的真实写照。

原文

又问黛玉：“可也有玉没有？”众人不解其语。黛玉便忖度着，因他有玉，故问我有也无。因答道：“我没有那个。想来那玉亦是一件罕物，岂能人人有的！”宝玉听了，登时发作起痴狂病来，摘下那玉，就狠命摔去，骂道：“什么罕物，连人之高低不择，还说‘通灵’不‘通灵’呢！我也不要这劳什子了！”吓的众人一拥争去拾玉。贾母急的搂了宝玉道：“孽障！你生气，要打骂人容易，何苦摔那命根子！”宝玉满面泪痕泣道：“家里姐姐妹妹都没有，单我有，我就没趣，如今来了这么一个神仙似的妹妹也没有，可知这不是个好东西！”

（第三回 金陵城起复贾雨村 荣国府收养林黛玉）

解析

《红楼梦》的“摔玉”情节，剖开了封建礼教织就的锦绣帷幕，让贾宝玉的赤子之心在碎玉声中熠熠生辉。通过“通灵”宝玉，贾宝玉看到的不是嫡庶尊卑，而是“神仙似的妹妹”这个纯粹的生命存在，当众人对摔玉行为惊恐不解时，唯有黛玉在深夜“淌眼抹泪”，这是一种超越言语的心灵共鸣。他们的爱情萌芽于对被礼教规训的共同抵触，生长于对真诚本心的相互印证，恰似《牡丹亭》中“情不知所起，一往而深”的宿命牵引。

原文

原来那宝玉自幼生成有一种下流痴病，况从幼时和黛玉耳鬓厮磨，心情相对；及如今稍明时事，又看了那些邪书僻传，凡远亲近友之家所见的那些闺英闱秀，皆未有稍及黛玉者：所以早存了一段心事，只不好说出来。故每每或喜或怒，变尽法子暗中试探。那林黛玉偏生也是个有些痴病的，也每用假情试探。因你也将真心真意瞒了起来，只用假意，我也将真心真意瞒了起来，只用假意，如此两假相逢，终有一真。其间琐琐碎碎，难保不有口角之争。即如此刻，宝玉的心内想的是：“别人不知我的心，还有可恕，难道你就不想我的心里眼里只有你！你不能为我烦恼，反来以这话奚落堵噎我。可见，我心里一时一刻白有了你，你竟心里没我。”心里这意思，只是口里说不出来。那林黛玉心里想着：“你心里自然有我，虽有‘金玉相对’之说，你岂是重这邪说不重我的。我便时常提这‘金玉’，你只管了然自若无闻的，方见得是待我重，而毫无此心了。如何我只一提‘金玉’的事，你就着急，可知你心里时时有‘金玉’，见我一提，你又怕我多心，故意着急，安心哄我。”

看来两个人原本是一个心，但都多生了枝叶，反弄成两个心了。那宝玉心里又想着：“我不管怎么样都好，只要你随意，我便立刻因你死了也情愿。你知也罢，不知也罢，只由我的心，可见你方和我近，不和我远。”那林黛玉心里又想着：“你只管你，你好我就好，你何必为我而自失。殊不知你失我自失。可见你是不叫我近你，有意叫我远你了。”如此看来，却都是求近之心，反弄成疏远之意。如此之话，皆他二人素习所存私心，也难备述。

（第二十九回 享福人福深还祷福 痴情女情重愈斟情）

解析

贾宝玉与林黛玉这对金童玉女的“下流痴病”，有如太虚幻境里那面风月宝鉴，照见了世间最悖谬的真诚——两个以假意相试的灵魂，却在相互折磨中淬炼出最澄澈的情意。当黛玉说“你只管你”，宝玉想“因你死了也情愿”时，他们的“自私”已然超越了世俗情爱的占有欲，宝黛这段“假意试探”的爱情其实比大观园任何一座牌坊都要真实。他们的真诚不在于表面的和谐完满，而在于敢于袒露人性最幽微的褶皱，在相互折磨中完成灵魂的相互印证。

原文

宝玉瞅了她半天，方说道“你放心”三个字。林黛玉听了，怔了半天，方说道：“我有什么不放心的？我不明白这话。你倒说说，怎么是放心不放心？”宝玉叹了一口气，问道：“你果不明白这话？难道我素日在你身上的心都用错了？连你的意思若体贴不着，就难怪你天天为我生气了。”林黛玉道：“真不明白这放心不放心的话。”宝玉点头叹道：“好妹妹，你别哄我。果然不明白这话，不但我素日之心白用了，且连你素日待我之意也都辜负了。你皆因总是不放心的原故，才弄了一身病。但凡宽慰些，这病也不得一日重似一日。”林黛玉听了这话，如轰雷掣电，细细思之，竟比自己肺腑中掏出来的还觉恳切，竟有万句言语，满心要说，只是半个字也不能吐，却怔怔的望着他。此时，宝玉心中也有万句言语，一时不知从哪一句上说起，却也怔怔的望着黛玉。两个人怔了半天，林黛玉只咳了一声，两眼不觉滚下泪来，回身便要走。宝玉忙上前拉住，说道：“好妹妹，且略站住，我说一句话再走。”林黛玉一面拭泪，一面将手推开，说道：“有什么可说的。你的话我早知道了！”口里说着，却头也不回竟去了。

（第三十二回　诉肺腑心迷活宝玉　含耻辱情烈死金钏）

解析

《红楼梦》中，贾宝玉与林黛玉的爱情之所以动人，在于他们以“真诚”为内核的情感模式突破了礼教规训与世俗束缚。在“金玉良缘”的阴影下，黛玉的“不放心”既是情感危机，更是寄人篱下的孤女对命运失控的恐惧；宝玉的“你放心”，展现出对彼此生命状态的全然体察，是精神知己式的真诚。在两人怔忡相望的静默时刻，黛玉的泪水既是被理解的感动，更是预见悲剧的恐惧；宝玉的欲言又止，暗含觉醒者面对体制时的失语困境。这种以真诚为武器的反抗，最终使他们成为彼此存在价值的见证者——黛玉的“病”与宝玉的“痴”，恰是二人在虚伪世界中保持本真的勋章。

《边城》

《边城》是现代作家、历史文物研究家沈从文创作的中篇小说，首次出版于1934年。小说以20世纪30年代川湘交界的边城小镇茶峒为背景，讲述了翠翠与爷爷相依为命的故事，翠翠与天保、傩送两兄弟之间关于爱情与牺牲、孤独与追寻的故事，通过描绘湘西边城的自然风景和淳朴民风，展现了一种未被现代文明侵蚀的美好生活。

在沈从文构建的湘西世界里，翠翠像一株野生凤尾竹般生长在茶峒的青山绿水间。这个渡船少女的真诚不是刻意的道德选择，而是天人合一的自然流露。她的真诚是未被世俗规训的赤子之心，是山水灵性浸润出的生命本真，是中国传统文化中“诚者天之道”的诗意呈现。从某种意义上来说，翠翠的真诚本质上是沈从文对农业文明的深情回望，在作者看来，真正的真诚不在于刻意追求，而是回归生命本然，就像茶峒的青山不会假装苍翠，酉水的碧波不会故作深情。

原文

翠翠在风日里长养着，把皮肤变得黑黑的，触目为青山绿水，一对眸子清明如水晶。自然既长养她且教育她，为人天真活泼，处处俨然如一只小兽物。人又那么乖，如山头黄麂一样，从不想到残忍事情，从不发愁，从不动气。平时在渡船上遇陌生人对她有所注意时，便把光光的眼睛瞅着那陌生人，作成随时皆可举步逃入深山的神气，但明白了人无机心后，就又从从容容的在水边玩耍了。

（第1节）

解析

在酉水河畔的吊脚楼下，沈从文用“触目为青山绿水，一对眸子清明如水晶”勾勒出这个自然之子的肖像。恰如庄子所言“圣人法天贵真”，她的真诚与道家思想之“真”一脉相承，是山水赋予的生命直觉，体现了对自然法则的天然顺应。

原文

二老想出了个主意，就是两兄弟月夜里同到碧溪岨去唱歌，莫让人知道是弟兄两个，两人轮流唱下去，谁得到回答，谁便继续用那张唱歌胜利的嘴唇，服侍那划渡船的外孙女。大老不善于唱歌，轮到大老时也仍然由二老代替。两人凭命运来决定自己的幸福，这么办可说是极公平了。提议时，那大老还以为他自己不会唱，也不想请二老替他作竹雀。但二老那种诗人性格，却使他很固持的要哥哥实行这个办法。二老说必需这样作，一切才公平一点。

大老把弟弟提议想想，作了一个苦笑。“×娘的，自己不是竹雀，还请老弟作竹雀！好，就是这样子，我们各人轮流唱，我也不要你帮忙，一切我自己来吧。树林子里的猫头鹰，声音不动听，要老运气时，也仍然是自己叫下去，不请人帮忙的！”

（第 12 节）

解析

面对彼此心中对翠翠的真挚爱意，傩送本可以凭借出众的歌喉轻易取胜，却将选择权交给自然；天保拒绝弟弟代唱的倔强，也是对人格尊严的天然守护。大老天保和二老傩送所展现出来的真诚相交，以谦让与成全为底色，大大超越了简单的世俗礼让的范围，体现为情感坦荡的赤子之心、纯粹精神世界的彼此映照，最终升华为自然本真的共同守护。

《人世间》

《人世间》是茅盾文学奖获奖作品，作者梁晓声。小说以北方省会城市一位周姓平民子弟的生活轨迹为线索，从 20 世纪 70 年代写到改革开放后的今天，多角度、多方位、多层次地描写了中国社会的巨大变迁和百姓生活的跌宕起伏，艺术而雄辩地展现了平民百姓对美好生活的向往，堪称一部“五十年中国百姓生活史”。

梁晓声笔下的周秉昆，以“真诚”为生命底色，在动荡时代中活成一道倔强的微光。作为周家幼子，他未承袭父兄的宏愿，却以最朴拙的姿态扛起家庭重担——母亲瘫痪、长兄长姐远走，他甘愿囿于市井，用一碗热汤、夜夜守候诠释亲情。这份真诚无关道德标榜，而是对血缘本能的赤诚回应，恰如他面对父亲误解时的沉默，无须辩白却撼人心魄。在爱情中，他冲破世俗藩篱，对饱经风霜的郑娟倾注纯粹守护，以平等之心消弭人性偏见，让苦难中开出的爱意成为对抗荒诞现实的盾牌。当然，周秉昆的真诚并非完人滤镜，而是糅杂着局限的真实：他文化不高、偶有冲动，却始终以血肉之躯直面生活的千疮百孔。他最终归于街头卖红薯的平凡，恰似梁晓声对真诚最深的隐喻——在功利的坐标系中，这种品质注定与成功背道而驰，却为冰冷现实留存了一片宝贵且温热的人性绿洲。

原文

自从秉昆第一次见到她之后，他对谈恋爱、找对象便毫无兴趣了，一心想着跟她生活在一起的快乐。但他又明白，姐姐嫁给那样一个男人，如果自己娶的再是郑娟这样拖带着一个上不了户口的私生子的小寡妇，便直接等于是要了爸妈的老命了！他将成为周家的罪人，连一向愿意庇护他的哥哥也不会宽恕。这种清醒常常让他思想上备受折磨，痛苦不堪。

（上部·第十五章）

解析

周秉昆发现自己爱上郑娟后内心挣扎的这段描写，通过“退却”的行为，深刻展现了他真诚的人格特质。“一心想着跟她生活在一起的快乐”是一种近乎天真的情感取向，是知识分子家庭出身的周秉昆未被礼教规训的本真性留存。在“要了爸妈的老命”的恐惧中，周秉昆的退却不是懦弱，而是将家族伦理置于个体欲望之上的道德自觉。文本中“拖带着一个上不了户口的私生子”的细节具有强烈隐喻性，他的退却源于对苦难重量的清醒认知——既要承受社会规训的惩罚，又要背负家族命运的十字架。这种在自我割舍中展现的悲悯，恰是最高级的真诚，因为它直面了生命的荒诞性而不作伪饰。

原文

虽然被判十五年，周秉昆反觉欣慰，甚至觉得自己胜利了。……现在好了，他和郑娟，既不会彼此失去对方，也不会同时失去周楠这个儿子了。他认为，因此被判十五年刑期也是值得的。

几乎可以说，他欣然接受了判决。

律师对他说：“如果你上诉，或许有希望减少两三年刑期。”

他想了想，平静地说：“不了吧，骆士宾都那样了，我再要求减刑对他就太不公平了。多两三年少两三年，对我没什么影响。”

他放弃了上诉。

（下部·第一章）

解析

错杀了郑娟苦难生活的制造者骆士宾，周秉昆坦然面对十五年刑期并放弃上诉，这种真诚并非简单的诚实，而是从内到外的表里如一、对自我与他人关系的深刻认知，以及对责任的坦然承担。周秉昆的“欣慰”源于他保全了与郑娟、周楠的情感纽带，他真诚地将家庭置于个人利益之上；面对律师“减刑两三年”的提议，周秉昆拒绝的理由是“对骆士宾不公平”，他的“公平”并非法律意义上的对等，而是对人性复杂性的真诚体认——即使对方曾伤害自己，他依然拒绝通过加剧他人苦难来减轻自身代价。在周秉昆身上，家庭的完整高于自由，道德的共情高于报复，意义的完整高于时间，主体的平静高于抗争，在这种意义上，他的真诚不再只是一种人格特质，而成为解构荒诞、重建意义的精神实践。

《论人的成长》

《论人的成长》是人本主义心理学先驱卡尔·罗杰斯的代表作之一，首次出版于1961年，该书系统阐述了他以“来访者中心疗法”为核心的人本主义心理学思想，强调人的自我实现倾向与内在成长动力。书中提出，每个人都有追求自我完善与心理成熟的潜能，而实现这一潜能的关键在于提供“促进性环境”，书本通过大量心理咨询案例，提出以真诚一致（真实自我）、无条件积极关注（全然接纳）和共情理解（深入倾听）三大核心条件，帮助个体突破外在评价与内心防御，重新联结真实体验，被誉为“人本主义心理学的实践指南”。

原文（宋文里译）

当我能够让自己“一致”和“真诚”时，我常常能够帮到别人。而其他人一目了然的真诚和一致，也经常能够帮到我。当一个人内心深层的真诚遇到另外一个人的真诚时，在这样非常珍贵的时刻，马丁·布伯所称的“你—我的关系”就产生了。这种深层的双向的相遇不经常发生，但是我确信，这种情况如果从没发生，我们就没有成为一个真正的人。

（第一章 关于沟通的经验）

解析

罗杰斯认为，讨论“助人关系的核心条件”时，必须将“一致”或“真诚”当作首要条件。这一观点颠覆了传统治疗中将技术置于首位的观念，提醒我们要关注心理治疗中的人性维度。

原文（宋文里译）

营造促进成长的氛围必须具备三个条件。……第一要素是真诚、真实或一致性。治疗师在治疗关系中的投入越多，越不以专业的姿态或外表出现，那么来访者发生积极变化或成长的可能性就越大。这意味着治疗师对这种感受和态度不加掩饰。……在营造促进改变的氛围时，第二个重要的态度是接纳、关心或重视，即我所说的“无条件的积极接纳”。无论来访者呈现何种状态，治疗师都持有积极的接纳态度，那么治疗行动或改变就很有可能发生。……治疗关系中的第三个促进性的要素是移情性理解，即治疗师能准确地感知来访者的感受和个人意义，并把这种理解传达给来访者。

（第六章 个人中心取向的基本概念）

解析

罗杰斯提出的“真诚”超越了技术层面，本质上是一种以完整人性参与治疗的存在方式。他要求治疗师既保持专业素养，又敢于摒弃“全知全能”的伪装，在与来访者的真实相遇中，共同见证“成为一个人”的旅程。这种存在性的真诚，正是人本主义疗法历久弥新的核心生命力。

原文（宋文里译）

这种积极的体察式倾听在我们的生活中极为罕见。我们认为自己在倾听，但很少带着真正的理解与真诚的移情去倾听。然而，这种特殊类型的倾听是我所知的最有力的改变力量之一。

（第六章 个人中心取向的基本概念）

解析

体察式的倾听，本身就是治疗师一种极度“真诚”的回应，可以让个体在“被全然接纳的瞬间”找回自我疗愈的力量，这种理念不仅革新了心理治疗，更提供了一种以人性温暖对抗异化的“普世价值”。

三、实践延伸

（一）自我审视

请围绕“我对自己是否真诚”这一主题，展开自我人格追问。

（1）目前正在维持的某段关系中是否存在自我欺骗？

（2）社交平台的人设与真实自我的重合度有多少？

（3）自己在独处时与在人群中的价值观是否统一？

（二）情境设定

你和好友小A之间发生过一次较为激烈的冲突，事后你们都默契地不再提及此事，但它始终横亘在你和小A之间，以后也很可能再次出现类似的矛盾，这让你无数次欲言又止，想说些什么、想做些什么，却无从着手。

建议阅读：《真诚的尺度》，从真诚包含“自我认知的清醒”和“对他者的共情”出发，想一想，当前你的沉默，是出于自我保护，还是共情？如何寻求两者的有效平衡？

行为实验：请坦然地放下心理负担，清醒评估自己内心的真实想法，围绕观察、感受、需求、请求等方面内容，试着通过书信、短信、电话沟通或者面对面谈话等方式和小A展开一次真诚的交流。

（三）实践活动

请观察影视剧中的“高真诚度角色”（如《海边的曼彻斯特》中Lee的寡言和不掩饰痛苦），分析其心理动机。

主题3

爱

一、内涵解析

爱是人类对他人或事物怀有的深厚感情，表现为关怀、依恋、奉献等，是伦理关系与精神活动的重要基础。作为人类文明最古老、最复杂的精神密码，在东西方文明长河中呈现出多元而深邃的面相。在中国传统文化中，“仁”是儒家思想对爱的核心诠释。孔子提出“仁者爱人”，将爱视为道德的根本。这种爱并非局限于狭隘的血缘亲情，而是从“亲亲”出发，推己及人，延伸至“泛爱众”的普世关怀。孟子进一步提出“老吾老以及人之老，幼吾幼以及人之幼”，强调通过情感的共鸣与推扩，构建和谐的社会秩序。墨家主张“兼爱”，倡导无差别的平等之爱，超越阶级与亲疏界限，试图以爱化解社会矛盾。道家则撕碎伦理温情，老子“天地不仁”突破人类中心主义的认知局限，庄子“相濡以沫”的寓言则暗示超越依存之爱，以自我姿态回归自然。其“道法自然”的理念中，暗含对生命与万物的尊重，这是一种更宏大、更超然的爱。佛家以“慈悲”消解世俗执念，《金刚经》“无我相，无人相”的智慧，将爱升华为对众生苦乐的共情——大乘佛教的“同体大悲”，恰是对个体局限性的终极超越。

古希腊哲学对爱的探讨深入而多元。柏拉图在《会饮篇》中借苏格拉底之口，将“Eros”（爱神，欲望之爱）定义为对美与真理的永恒追求。他认为，爱始于对个体美的倾慕，最终升华为对绝对理念之美的向往，这一过程是灵魂的升华与净化。亚里士多德则从伦理学角度将爱分为三种：基于实用的“功利之爱”、基于快乐的“愉悦之爱”，以及最高层次的“德性之爱”。后者以双方的道德完善为目标，是最持久、最珍贵的情感联结。

在西方宗教语境下，基督教将“Agape”（性灵之爱），提升至神圣的高度。《圣经》中“爱是恒久忍耐，又有恩慈；爱是不嫉妒，爱是不自夸，不张狂”的描述，强调爱是无私的奉献与牺牲。基督教教义中的爱，不仅是对上帝的信仰，更是对邻人的关怀，甚至包括对敌人的宽恕，这种超越人性本能的爱，构成了西方伦理的重要基石。

随着时代的发展，近现代思想家与心理学家从不同维度丰富了爱的内涵。弗洛伊德将爱视为性本能的升华，认为人类情感的根源在于潜意识的欲望。弗罗姆在《爱的艺术》中提出，爱是一种需要学习与实践的能力，真正的爱包含关心、责任、尊重与了解四个要素，它不仅是情感的表达，更是一种主动的创造性活动。马斯洛的需要层次理论将爱与归属感置于人类需求的重要位置，强调健康的人际关系对个体自我实现的意义。

当儒家“推己及人”与基督教“爱邻如己”相遇，当佛家“同体大悲”与存在主义“他人即地狱”碰撞，人类逐渐触及爱的本质矛盾——它既是文明存续的纽带，也是个体自由的枷锁；既是超越私欲的圣火，也是点燃欲望的野火。奥地利诗人莱内·马利亚·里尔克在《给青年诗人的信》中道出真谛：“爱是永恒的难题，而我们要以整个人生去活出这个问题。”这种未完成性正是爱最深邃的魅力：它在文明长河中不断流淌，既塑造人性，又被人性重塑，最终成为照见文明本质的明镜。

二、经典导读

《论语》

作为儒家思想的核心经典，《论语》以“仁”为基石，构建了一套深刻影响东亚文明的伦理之爱体系。孔子提出的“仁者爱人”，绝非抽象的情感宣言，而是嵌入礼制框架的伦理实践——以“孝悌为本”的血缘亲情为根基，通过“忠恕之道”向外推衍，形成“亲亲—仁民—爱物”的差序格局。这种爱强调实践性：侍奉父母需“色难”（以和悦态度尽孝），待人接物需遵循“恭、宽、信、敏、惠”五德，将情感纳入道德规范轨道。

儒家之爱的特殊性在于其差序结构。从家庭伦理的“入则孝，出则悌”，到社会层面的“泛爱众，而亲仁”，爱的投射呈现精确层级性。孟子“老吾老以及人之老”的推恩逻辑，既缓解了资源有限性与道德普遍性的矛盾，也为宗法制度提供情感黏合剂。政治层面，孔子将爱升华为治国术：“节用而爱人，使民以时。”将统治者之爱具象为轻徭薄赋、慎战重民的“仁政”，使爱从心理学命题转化为治理技术，深刻塑造东亚传统国家的政治逻辑。

穿越两千年时空，《论语》的仁爱哲学仍具双重启示。新加坡“家庭为根”的治国策略、日韩企业的“家文化”管理，皆可见差序之爱的当代变奏。它强调“情感责任化”，将爱视为对共同体的义务，但也暴露出压抑个体自由的风险。现代人需在“克己复礼”的秩序智慧与“非礼勿动”的情感规训间寻求平衡——这种悖论性恰是儒家伦理的永恒张力，既为传统社会提供稳定锚点，也为现代人重构责任与自由的边界提供古老镜鉴。

原文

孝弟也者，其为仁之本与！

（《学而·第二章》）

译文

孝顺父母、敬爱兄长，这就是仁爱的根本啊！

解析

此句开宗明义，以孝悌为仁爱的根基。血缘亲情（如“子生三年，然后免于父母之怀”）被赋予道德合法性，家庭伦理成为社会秩序的起点。通过“色难”等日常实践（和悦侍亲），个体被规训出克己、敬慎的品格。这种设计将政治隐喻注入家庭关系（“迩之事父，远之事君”），却因局限于血缘纽带，导致对陌生人及自然界的伦理盲区。

原文

唯仁者能好人，能恶人。

（《里仁·第三章》）

译文

只有真正仁德的人，既能接受好人，也能忍受恶人。

解析

孔子在此揭示爱的辩证性：仁者需有鲜明价值判断，反对无原则包容。好恶需符合义理（如“以直报怨”），与老子“不善者，吾亦善之”的超然形成对比。这一思想为“举直错诸枉”的用人原则奠基，主张以德性选拔人才。但历史上“恶人”的权力常被异化为党同伐异的工具，暴露道德理想与现实政治的张力。

原文

樊迟问仁。子曰：“爱人。”

（《颜渊·第二十二章》）

译文

樊迟问什么是仁。孔子说：“爱人。”

解析

此为仁的核心定义，剥离浪漫色彩，锚定现实人际网络。“爱人”具有差序性（亲亲→泛爱众）、实践性（孝悌忠信）、责任性（“己欲立而立人”）。墨子批判其“爱有差等”，却恰是前现代社会资源有限性的妥协方案——通过涟漪式推恩维系宗法制度，成为封建统治的情感黏合剂。

原文

己所不欲，勿施于人。

（《卫灵公·第十五章》）

译文

自己所不愿意接受的，不要施加到别人身上。

解析

“恕道”的黄金法则以否定式划定人际边界，主张以自我感受投射他人（“能近取譬”）。虽未达基督教“爱仇敌”的超越性，却被纳入《全球伦理宣言》。但“不欲”始终受礼制约束（“克己复礼为仁”），情感表达需符合规范，既防范道德相对主义，也压抑个体本真。

原文

君子学道则爱人，小人学道则易使也。

（《阳货·第四章》）

译文

君子学习了礼乐就会爱人，百姓学习了礼乐就容易被役使。

解析

儒家之爱强调后天习得：通过“学诗”“习礼”教化培养爱人能力。但“小人学道易使”暴露阶级区隔——统治者“爱人”体现为轻徭薄赋的仁政（“博施于民”），庶民则需恪守本分。这种制度化设计使爱异化为治理技术。

《爱的艺术》

《爱的艺术》是埃瑞克·弗罗姆的心理学经典著作，1956 年出版，被誉为“现代爱的理论奠基之作”。作者以精神分析学与社会批判视角，颠覆传统对爱的浪漫化想象，提出“爱并非感觉，而是需要学习的艺术”。书中提出爱的四大支柱：关心、责任、尊重与了解。关心是觉察他人需求的敏感；责任是自愿回应的承诺；尊重是摒弃控制欲，允许对方自由生长；了解则需穿透表象，以共情抵达灵魂深处。弗罗姆犀利地指出，资本主义的功利逻辑异化了爱的实践，人们沉迷于“被爱技巧”，却丧失了真诚联结的能力。这种异化将关系降格为利益交换，使孤独成为现代人的精神顽疾。

面对困境，弗罗姆主张培养“生产性人格”：克服自恋，以理性与谦逊打破人际藩篱。他强调爱需要信仰——非宗教盲从，而是对人类潜能的坚定信念。这种信仰要求勇气，因在商品化社会中坚守爱的真诚性，如同对抗异化的革命。最终，爱的能力与人类解放紧密相连：当个体通过爱的实践超越利己主义，便能以创造性姿态重建人与世界的和谐。爱不仅是亲密关系的指南，更是对抗虚无、实现精神自由的路径。这部著作以其哲学深度与人文关怀，成为穿越现代性荒原的永恒路标。

原文（刘福堂译本）

爱是一门艺术吗？回答是肯定的。因此，它需要知识和努力。

（第一章）

解析

弗罗姆批判现代人将爱视为“被爱”而非“去爱”的被动状态。他指出爱的本质是主动能力，需像学习音乐般持续修炼认知、感知与意志力。当代快餐式爱情恰因缺乏这种艺术性训练，沦为情感消费主义产物。

原文（刘福堂译本）

成熟的爱遵循“我因爱而被爱”这一原则。不成熟的爱宣称：“我爱你，因为我需要你。”成熟的爱是：“我需要你，因为我爱你。”

（第二章）

解析

弗罗姆在此颠覆了爱的因果逻辑：不成熟的爱将需求作为起点，成熟的爱则以丰盈的给予为根基。前者将他人视为填补内心空洞的工具，后者则在完整自足的生命状态中，因主动爱慕而生出对联结的渴望，体现了对对方的尊重和理解，是一种更高层次、更健康的爱。

原文（刘福堂译本）

成熟的爱是在保持自己的尊严和个性条件下的结合。

（第二章）

解析

区别于共生依恋，真正的爱是两棵并肩生长的树，根系交织却各自向光。弗罗姆反对以丧失自我为代价的“爱情献祭”，强调健康关系需平衡亲密与自由，在相互镜映中实现个体成长。

原文（刘福堂译本）

用最通俗的方式可以把爱的积极性表述为：爱主要是“给予”，而不是“接受”。

（第二章）

解析

“给予”不是牺牲，而是生命力的满溢：分享思想、传递共情、唤醒希望。当人不再将爱物化为交易筹码，转而通过给予实现自我确证，爱的行为便成为对抗异化社会的革命性力量。

原文（刘福堂译本）

在给予的因素之外，爱的主动特性明显地表现在这样的事实中，即所有形式的爱常常包含着共同的基本要素：关心、责任、尊重和了解。

（第一章）

解析

四要素构成爱的行动链条：关心是情感投入的起点、责任是自主选择的承诺、尊重是守护差异的自觉、了解是穿透表象的共情。这种递进关系解构了浪漫爱情神话，揭示真爱需智性与德性的双重修炼。

原文（刘福堂译本）

爱的成功的主要条件乃是克服自恋。

（第四章）

解析

自恋者往往以自我为中心，只关注自身需求和感受。弗罗姆强调爱的认知维度——需破除以己度人的思维惯性，在“客观性”中看见真实他者，去理解、关心他人。这种视角转换能力，恰是数字时代最稀缺的爱的技艺。

《傲慢与偏见》

《傲慢与偏见》是简·奥斯丁创作，并于1813年首次出版的英国文学经典，被誉为“浪漫主义小说的巅峰之作”。小说以18世纪末英国乡绅社会为背景，围绕班纳特家五个女儿的婚恋展开，核心聚焦二女儿伊丽莎白与贵族达西从误解到相爱的故事。奥斯丁以开篇“真理宣言”——“凡有财产的单身汉必定需要娶位太太”——刺破婚姻商品化的虚伪面纱。班纳特太太将女儿婚事视为人生工程，柯林斯将求婚与房产继承捆绑，夏洛特为经济保障选择无爱婚姻，这些荒诞图景印证着资本逻辑对情感的侵蚀。而伊丽莎白“没有爱情绝不结婚”的宣言，则如利剑劈开物质主义迷雾，暴露出社会转型期精神价值与世俗利益的深层撕裂。

达西与伊丽莎白的爱情博弈，实为双向的人性救赎。达西的傲慢源于贵族身份织就的认知茧房，将乡村社交圈贬为庸俗之地；伊丽莎白的偏见则来自中产阶级女性的心理防御，以机锋掩饰情感脆弱。威克姆的谎言成为试金石：达西在澄清真相中打破阶级优越感，伊丽莎白在误判后学会穿透表象认知。当“傲慢”与“偏见”这对精神镜像在交锋中破碎，爱情显露出其本质——两个灵魂在相互映照中完成自我重塑。

奥斯丁通过多组婚姻对照，勾勒出情感关系的多元光谱。宾利与简因性情温厚维系婚姻，莉迪亚与威克姆的私奔沦为欲望的警示寓言，唯有达西与伊丽莎白的结合实现了精神对物质的超越：达西放下门第偏见解救班纳特家族，伊丽莎白穿越泥泞庄园直面真心，二人以双向成长诠释理想婚恋的真谛——非激情刹那，而是灵魂在理解与妥协中缔结的永恒契约。

这部1797年完成的作品，至今仍在叩击现代人的情感困境。彭伯利庄园的秋日告白不仅是摄政时期的婚恋缩影，更映射着每个时代的终极命题：在物质与精神的天平上，爱情应如何放置砝码？奥斯丁以锋利的笔触给出的答案——理性与情感的平衡、尊严与包容的交融——始终在历史长河中激荡回响，成为穿越时空的情感哲学指南。

原文（王科一译本）

她继续说下去："从开头认识你的时候起，几乎可以说，从认识你的那一刹那起，你的举止行动，就使我觉得你十足狂妄自大、自私自利、看不起别人，我对你不满的原因就在这里，以后又有了许许多多事情，使我对你深恶痛绝。我还没有认识你一个月，就觉得像你这样一个人，在天下的男人中我最不愿意和他结婚的就是你。"

（第三十四章）

解析

这是全书爱情冲突的高潮。达西因阶级偏见和傲慢，以居高临下的姿态求婚。伊丽莎白的激烈拒绝展现出奥斯丁笔下女性对尊严的坚守——爱情必须建立在平等基础上。此时的达西尚未意识到，真正的爱需要放下社会地位的优越感，而伊丽莎白的偏见也让她误判了达西的人品。这段对话揭示了奥斯丁的核心命题：爱情的本质是打破傲慢与偏见的双向成长。

原文（王科一译本）

小姐：接到这封信时，请你不必害怕。既然昨天晚上向你诉情和求婚，结果只有使你极其厌恶，我自然不会又在这封信里旧事重提。我曾经衷心地希望我们双方会幸福，可是我不想在这封信里再提到这些，免得使你痛苦，使我自己受委屈。

（第三十五章）

解析

这封书信是达西转变的关键节点。他在信中承认自己干涉简与宾利婚事的错误，展现出难得的自省精神。奥斯丁在此颠覆了传统爱情小说中“完美男主”的形象——达西的真诚恰恰体现在他的不完美。这也暗示着：真正的爱情需要直面自身缺陷的勇气，而书信这一私密载体，暗示达西开始卸下社会面具，走向情感的真实。

原文（王科一译本）

你真说得是，先生，我自己也知道运气好。我就是走遍天下，也不会碰到一个更好的主人。我常说，小时候脾气好，长大了脾气也会好，他从小就是个脾气最乖、肚量最大的孩子。

伊丽莎白禁不住瞪起眼来看她。她心里想：“达西当真是这样一个人吗？”

（第四十三章）

解析

这个场景极具象征意义。伊丽莎白通过他人视角重新认识达西：他对佃农的仁慈、对妹妹的关爱，与其傲慢表象形成巨大反差。奥斯丁在此运用空间叙事——庄园的井然有序暗示达西内心的责任感，而伊丽莎白在庄园中的心理震动，喻示着阶级壁垒的消融。此时爱情开始超越社会身份的桎梏，转向对人性本质的理解，标志着两人关系从对抗到理解的转折。

原文（王科一译本）

“从小时候起，大人就教我，为人处世应该如此这般，却不教我要把脾气改好。他们教我要学这个规矩那个规矩，又让我学会了他们的傲慢自大。不幸我是一个独生子，从小给父母亲宠坏了。……从八岁到二十八岁，我都是受的这种教养，好伊丽莎白，亲伊丽莎白，要不是亏了你，我可能到现在还是如此！我哪一点不都是亏了你！你给了我一顿教训，开头我当然受不了，可是我实在得益匪浅。你羞辱得我好有道理。当初我向你求婚，以为你一定会答应。多亏你使我明白过来，我既然认定一位小姐值得我去博得她的欢心，我又一味对她自命不凡，那是万万办不到的。”

（第五十八章）

解析

这段告白完成爱的终极救赎。达西感谢伊丽莎白重塑了自己的价值观，而伊丽莎白也坦诚了自己最初的偏见。奥斯丁在此确立现代婚恋观的典范：爱情是使人向善的力量，真爱是理性认知与情感共鸣的完美平衡。

《家人闲坐，灯火可亲》

《家人闲坐，灯火可亲》是汪曾祺晚年散文集，收录其 20 世纪 80—90 年代创作的经典篇目，其文字洗练恬淡，于质朴中见真味，被誉为“中国最后一位士大夫式文人”的纸上水墨长卷。全书以“家”为脉络，通过四重维度织就家庭图景——家人相守的默契、食物承载的记忆、草木见证的岁月、代际延续的暖意。父亲糊风筝时佝偻的背影、母亲熬桂花酱时氤氲的甜香、夏夜葡萄架下数星星的童趣，这些细微处藏着家庭记忆的密码，茶垢斑驳的紫砂壶、烛光中跳动的纳鞋线、旧报纸扎的风筝，皆成为血脉羁绊的无声注脚。

作者以“人间烟火”为美学核心，将世俗生活诗化——菜市场的喧嚣、街巷的市声、节令的吃食皆成文章，传递“日日有小暖，至味在人间”的生活哲学。全书贯穿“灯火”意象：守岁烛光跃动团圆喜乐、补衣油灯晕染母亲轮廓、归途灯笼温暖游子心扉。这些微弱却恒久的光源，恰似中国式亲情的本质——不炽烈夺目，却始终照亮生命深处的褶皱。

汪曾祺以清茶般的文字揭示，家庭之爱常蛰伏于“无事常相见”的庸常：饭桌上重复的唠叨，晾衣绳晃动的晨昏，旧家具沉淀的包浆，皆是爱的具象形态。这种不事张扬的情感表达，让读者在书页间窥见自家窗棂的投影，重新拾起那些散落在岁月缝隙中的温暖光斑。

原文

天冷了，堂屋里上了槅子。槅子，是春暖时卸下来的，一直在厢屋里放着。现在，搬出来，刷洗干净了，换了新的粉连纸，雪白的纸。上了槅子，显得严紧，安适，好像生活中多了一层保护。家人闲坐，灯火可亲。

（《冬天》）

解析

此句是全书题眼，也是汪曾祺对家庭温暖最凝练的概括。冬日里，家人围坐于灯火下，炭火与饭菜的香气交织，隔绝了外界的寒冷与喧嚣。汪曾祺以“灯火”为意象，将光的物理温度与情感的温度融为一体。灯火不仅是照明工具，更是亲情的载体——它照亮了父母的皱纹、孩子的笑脸，也映照出记忆中的炭火、砂罐汤和父亲的酒坛。这种“可亲”的氛围，既是对童年生活的追忆，也是对传统家庭伦理中

“团圆”价值的诗意诠释。

原文

我十七岁初恋，暑假里，在家写情书，他在一旁瞎出主意！我十几岁就学会了抽烟喝酒。他喝酒，给我也倒一杯。抽烟，一次抽出两根，他一根，我一根。他还总是先给我点上火。我们的这种关系，他人或以为怪。父亲说：“我们是多年父子成兄弟。”

（《多年父子成兄弟》）

解析

这段描写颠覆了传统父权的严肃形象，汪父以平等的姿态与孩子相处：允许少年抽烟喝酒、为儿子写情书出谋划策，甚至以“没大没小”的互动消解代际隔阂。这种爱不是权威的规训，而是信任与陪伴。汪曾祺通过细节（如递烟点火）将父亲的形象具象化，既呈现了父子间超越血缘的友情，也暗含对自由成长环境的赞美。这种“兄弟式”亲情，成为汪曾祺笔下“现代化家庭”的理想模板。

原文

也许我和娘（我们都叫继母为娘）有缘，娘很喜欢我。

她每次回娘家，都是吃了晚饭才回来。张家总是会叫两辆黄包车，姐姐和妹妹坐一辆，娘搂着我坐一辆。张家有个规矩（这规矩是很多人家都有的），姑娘回自己婆家，要给孩子手里拿两根点着了的安息香。我于是拿着两根安息香，依偎在娘怀里。黄包车慢慢地走着。两旁人家、店铺的影子向后移动着，我有点迷糊。闻着安息香的香味，我觉得很幸福。

（《我的母亲》）

解析

这段以“安息香”为线索，勾勒出继母与孩子间超越血缘的情感联结。张家规矩中“点香护佑”本是民间习俗，却被娘转化为私密的温情仪式——当姐姐妹妹共乘一车时，她独搂“我”于怀，让燃烧的香火成为母子连心的信物。汪曾祺特意强调“偎”而非“抱”，暗示范畴模糊的继母身份下，那份克制却绵密的爱意：她不需宣示权威，只以沉香为引，在归家途中将世俗规矩悄然炼成独属二人的血缘契约。

原文

祖母很喜欢我。夏天晚上，我们在天井里乘凉，她有时会摸着黑走过来，躺在竹床上给我“说古话”（讲故事）。有时她唱“偈”，声音哑哑的：“观音老母站桥头……”这是我听她唱过的唯一的“歌”。

（《我的祖父祖母》）

解析

祖母在黑暗中仍摸索着靠近孙儿，笨拙却执着的肢体语言，恰似她表达爱的方式：不张扬却笃定。哑声哼唱的观音偈子，既承载着民间信仰的朴素智慧，更暗含祈求神明护佑孙辈的深意。竹床上的故事与歌谣，将世俗日常与精神信仰交织，在蝉鸣星辉里构建出独属祖孙的私密时空。这份爱无须华彩，恰如天井夜色里的微风，悄然浸润着童年生命的底色。

原文

我很想喝一碗咸菜茨菰汤。我想念家乡的雪。

（《故乡的食物》）

解析

咸菜茨菰汤与雪，一食一景，皆是乡愁的具象投射。而“家乡的雪”作为洁净的隐喻，既是对故土风物的眷恋，也暗含对纯粹亲情的追溯——雪落无声，却覆住童年院落里所有的温情褶皱。汪曾祺以味觉与视觉的双重匮乏，揭示爱的本质：越是平淡的符号，越能刺破时空，让思念洇成心头化不开的盐霜。

《小王子》

《小王子》是法国作家安托万·德·圣埃克絮佩里在二战期间创作的寓言经典，作为全球最畅销的文学作品之一，《小王子》被译成300余种语言，销量超2亿册，被誉为“写给成人的童话”。书中对人性与社会的反思跨越时代，成为哲学启蒙与心灵治愈的经典文本，联合国教科文组织将其列入“世界记忆遗产”。

小王子离开B612星球上那朵骄傲脆弱的玫瑰，途经六个星球遇见痴迷权力、虚荣与算计的成人世界，最终在沙漠中遇见狐狸，学会“驯服”的真谛：爱是彼此耗费时间建立的羁绊，让寻常麦田因思念某人的金发而镀上光芒。狐狸揭示“你为玫瑰失去的时间使她重要”，瓦解功利主义的价值标尺，而玫瑰以带刺的脆弱教会小王子接纳不完美的深情。当面对地球五千朵玫瑰时，他终于懂得——爱的珍贵不在于对象的独特性，而在于驯化过程中倾注的心血。

飞行员作为叙事暗线，串联童话与现实的对话。这个因飞机故障困于沙漠的成人，起初无法理解孩童笔下的蟒蛇吞象图，隐喻世俗规则对纯真感知的扼杀。小王子执着于“绵羊是否会吃掉玫瑰”的天真追问，却让飞行员重拾凝视星空的能力。当小王子选择被毒蛇咬伤以回归星球，肉体消逝化作精神永恒——夜空中“五亿个铃铛的笑声”印证爱能跨越生死，在记忆星群中长明。这条暗线实为对现代社会的警示：成人沉迷于计算“重要的事”，却遗失了等待四十四次日落的温柔。

全书以诗意语言构建爱的哲学：爱是狐狸等待三点钟降临的期待，是明知玫瑰有刺仍守护的执着，更是穿越星际荒漠也要回望那朵属于你的花的勇气。圣埃克絮佩里在战火中写下这个故事，如同为荒芜人间点燃火种——每个成人都曾是懂得驯服的小王子，而爱的复苏恰是抵御世界冰冷的良药。当黄沙淹没飞机残骸，星空却永远悬着 B612 的坐标，这寓言终指向永恒的真相：我们毕生追寻的，不过是一个让寻常日落成为宇宙奇迹的人。

原文（周克希译本）

所有的大人起先都是孩子（可是他们中间不大有人记得这一点）。

（《献给莱翁·维尔特》）

解析

爱需要剥离成人世界功利化的外壳，回归孩童般纯粹的感知方式。当飞行员画出蟒蛇吞象却被大人看作帽子时，隐喻了成人对事物本质的钝化。真正的爱如同孩子凝视星空时的专注——不计算得失，不预设条件，以最本真的心灵触碰情感内核。那些用数字衡量玫瑰价值的人，早已遗忘爱最初的模样。

原文（周克希译本）

“当然，”狐狸说，“现在你对我来说，只不过是个小男孩，跟成千上万别的小男孩毫无两样。我不需要你。你也不需要我。我对你来说，也只不过是只狐狸，跟成千上万别的狐狸毫无两样。但是，你要是驯养了我，我俩就彼此都需要对方了。你对我来说是世界上独一无二的。我对你来说，也是世界上独一无二的……”

（第二十一章）

解析

这段对话揭示了爱的本质是建立独特的联系与羁绊。“驯养”意味着彼此付出时间与情感，将原本普通的存在变得无可替代。通过这种方式，双方从茫茫众生中确认彼此的唯一性，赋予对方特殊意义，让爱成为一种相互需要、相互归属的珍贵情感，使孤独的个体在关系中找到存在的价值与温暖。

原文（周克希译本）

人们也没有时间去了解任何东西。他们总到商店买现成的东西，但是不存在出售朋友的商店，所以人们也就不会有朋友。你如果想要有个朋友，就驯养我吧！

（第二十一章）

解析

当效率至上消解了情感生长的土壤，人类便陷入“购买即拥有”的幻觉。而“驯养”打破这种功利性，强调爱与友谊需要主动投入时间、精力，通过彼此陪伴、理解和信任，才能缔结真挚而独特的情感，让人与人之间产生深刻羁绊，收获真正的朋友。

原文（周克希译本）

“再见，”狐狸说，“我告诉你那个秘密，它很简单：只有用心才能看见。本质的东西用眼是看不见的。”“本质的东西用眼是看不见的，”小王子重复了一遍，他要记住这句话。“正是你为你的玫瑰花费的时光，才使你的玫瑰变得如此重要。”

（第二十一章）

解析

爱的真谛在于用心感受。肉眼所见只是表象，唯有以心洞察，才能懂得所爱之人或事物的独特价值。小王子对玫瑰的珍视，源于他倾注其中的时光与情感，这些付出赋予玫瑰无可替代的意义，揭示出爱是一场用真心浇灌、以岁月沉淀，从而发现生命本质美好的修行。

原文（周克希译本）

“人们已经忘记了这个道理，”狐狸说，“但你不该忘记它。对你驯养过的东西，你永远负有责任。你必须对你的玫瑰负责……”

（第二十一章）

解析

狐狸的箴言直指爱的核心：驯养的本质是建立责任。当人自愿投入时间与情感，便与对方缔结了生命的契约。玫瑰的脆弱恰是爱的隐喻——驯服赋予其独特性，也注定驯服者要承担守护的使命。爱不是占有，而是以恒久的耐心与敬畏回应彼此的依存。爱也因责任的践行而超越瞬间的感动，成为抵御虚无的永恒纽带。

原文（周克希译本）

“这就好比花儿一样。要是你喜欢一朵花儿，而她在一颗星星上，那你夜里看着天空，就会觉得很美。所有的星星都像开满了花儿。”

（第二十六章）

解析

这里将爱比作夜空中的星光，点明爱的力量在于赋予平凡事物以特殊意义。当心中有爱，所爱之物如同星辰闪耀，即便相隔遥远，也能从浩瀚星空中感知甜蜜与美好。它诠释了爱具有强大的感染力，能让整个世界因一人一物而焕发生机。

《霍乱时期的爱情》

《霍乱时期的爱情》是加西亚·马尔克斯获得诺贝尔文学奖之后完成的第一部小说，被誉为“人类有史以来最伟大的爱情小说”。该书位列20世纪西语文学巅峰，全球销量超5000万册，被译成40余种语言。其“百科全书式”的爱情书写，成为文学、心理学、社会学研究的经典案例，影响如《爱在瘟疫蔓延时》等文艺创作。

故事始于少年弗洛伦蒂诺·阿里萨对费尔明娜·达萨电光石火般的痴恋，却在世俗偏见与阶级鸿沟中夭折，费尔明娜在父亲的逼迫下，嫁给了医生乌尔比诺。弗洛伦蒂诺深受打击，但他内心深处始终保留着对费尔明娜的爱。乌尔比诺医生与费尔明娜的婚姻看似美满，有着社会地位和物质保障，但也存在着各种琐碎的问题和矛盾。他们在相互磨合中度过了大半生，直到乌尔比诺医生意外去世。

半个世纪后，垂暮的弗洛伦蒂诺在乌尔比诺的葬礼上再度表白，两个白发苍苍的灵魂在霍乱般肆虐的衰老与死亡阴影中重启爱情——这一次，他们选择乘着悬挂象征瘟疫的黄旗的航船，在河流上永恒漂泊。

马尔克斯以手术刀般的精准解剖了爱情的千百种形态：弗洛伦蒂诺用622段露

水情缘填补等待的虚空，却在纵欲中验证了“肉体之爱无法稀释灵魂之渴”；费尔明娜与乌尔比诺的婚姻如同一座精密的钟表，靠教养、责任与惯性维持齿轮转动，却在某个停电的午后因肥皂盒引发的争吵暴露出亲密关系的脆弱性。当暮年重逢的两人退去青春滤镜，爱情不再是山崩地裂的宣言，而是共享老年斑与药瓶的默契，是敢于在死亡倒计时里说出“一生一世”的荒诞与庄严。霍乱在此成为多重隐喻：它既是吞噬生命的瘟疫，也是灼烧灵魂的情热；既是阻隔相爱者的社会偏见，也是对抗世俗规训的叛逆宣言。那艘永不靠岸的航船，最终将爱情升华为超越时间、道德甚至生死的存在主义抉择——在世界的尽头，唯有爱的幻觉能抵御存在的虚无。

原文（杨玲译本）

他还太年轻，尚不知道回忆总是会抹去坏的，夸大好的，而也正是由于这种玄妙，我们才得以承担过去的重负。

（第三章）

解析

弗洛伦蒂诺得知费尔明娜嫁给乌尔比诺医生后，开始用各种方式麻痹自己，但内心深处始终无法忘怀费尔明娜。回忆对爱情的美化作用，人在回顾感情时，会不自觉过滤痛苦，留存美好，这种特质让人们在岁月流逝中，始终对曾经的爱抱有憧憬与怀念，支撑着内心对爱的坚守。

原文（杨玲译本）

在两人感情最好的时期，弗洛伦蒂诺·阿里萨曾问自己，究竟哪种状态是爱情，是床上的颠鸾倒凤，还是星期日下午的平静。萨拉·诺列加用一个简单的结论让他平静下来，那就是：凡赤身裸体干的事都是爱。她说：“灵魂之爱在腰部以上，肉体之爱在腰部以下。”

（第五章）

解析

马尔克斯以身体为界分割爱的双重性：弗洛伦蒂诺用622段风流韵事麻醉肉体，却在精神层面为费尔明娜保留绝对贞洁。这种割裂揭示了人类试图以肉体消解孤独的徒劳，唯有灵肉合一的爱情才能缝合存在的裂缝。

原文（杨玲译本）

她用一种更为简单的方式为它下了定义："社交生活的关键在于学会控制恐惧，夫妻生活的关键在于学会控制厌恶。"

（第五章）

解析

马尔克斯揭示爱的本质是接纳人性的矛盾：社交中恐惧源于对他人评判的警惕，婚姻中厌恶诞生于幻灭后的真实。爱不是消除负面情绪，而是以尊严与耐心将其转化为共生的土壤，并在现实生活中不断磨合、包容。

原文（杨玲译本）

船长看了看费尔明娜·达萨，在她睫毛上看到初霜的闪光。然后，他又看了看弗洛伦蒂诺·阿里萨，看到的是他那不可战胜的决心和勇敢无畏的爱。这份迟来的顿悟使他吓了一跳，原来是生命，而非死亡，才是没有止境的。

"见鬼，那您认为我们这样来来回回的究竟走到什么时候？"他问。

在五十三年七个月零十一天以来的日日夜夜，弗洛伦蒂诺·阿里萨一直都准备好了答案。

"一生一世。"他说。

（第六章）

解析

弗洛伦蒂诺的偏执等待，将爱情异化为宗教般的苦修。时间在此既是毒药也是解药——它消磨了青春的冲动，却淬炼出超越占有欲的献祭式爱意。这种近乎病态的执着，却意外验证了爱的终极形态——它无须被回应，只需被践行。

三、实践延伸

（一）自我审视

（1）你理解的"爱"是需求满足（如被关注）、情感投射（如崇拜），还是共同成长？

（2）面对他人否定时，内心是否会出现"果然我不值得被爱"的自我攻击？

（3）当朋友深夜倾诉影响你休息时，你选择忍耐还是温和设限？

（二）情境设定

在恋爱中总想改变对方的生活习惯，导致频繁争吵，两个人都感觉到十分痛苦。

建议阅读：《爱的艺术》，思考怎么理解“爱是主动给予，而非被动沉溺”“成熟的爱是‘我需要你，因为我爱你’”。

行为实验：制作“双人特质共生图”，在相处中记录彼此的原生特质（如“他喜欢独处思考”），用红线连接互补性，思考该特质如何促进关系成长（如“让我学会尊重私人空间”）。

（三）实践活动

给父母发一条非索求性信息（如“记得您曾教我骑自行车，那份耐心影响我至今”）。

主题4

美

一、内涵解析

“美”是人类文明的核心命题，既是感官愉悦的直觉体验，也是精神超越的永恒追寻。从人格心理学的视角出发，“美”可以被定义为：个体在认知、情感、意志与行为中所展现出的，符合人性发展规律且具有正向社会价值的独特精神特质与实践样态的统一体。古希腊将美与善统一，揭示道德品质与审美价值的同源性。现代神经美学研究发现，当观察者感知到他人利他行为时，眶额皮层与腹侧纹状体同步激活，证明道德判断与审美愉悦共享神经基质。

古今中外，对“美”的探索始终交织着哲学思辨、艺术实践与伦理追求，形成了一条跨越时空的审美长河。中国传统文化中，“美”的诠释与宇宙观、伦理观深度融合。儒家以“中和”为美之圭臬。《论语》言“里仁为美”，将美与道德修养相连，强调“文质彬彬”的君子之美；《礼记·乐记》提出“大乐与天地同和”，赋予艺术以调和人际、沟通天地的功能。道家则追求“道法自然”的至美境界，老子称“天下皆知美之为美，斯恶已”，揭示美与丑的辩证依存；庄子以“天地有大美而不言”升华自然之美，庖丁解牛“奏刀騞然，莫不中音”的技艺，更将劳动升华为审美实践。禅宗以“空寂”为美，王维“行到水穷处，坐看云起时”的禅意诗画，展现“空故纳万境”的留白美学。至宋明理学，实现儒道美学的创造性融合。周敦颐《爱莲说》以“出淤泥而不染”的莲花意象，将道德人格物化为审美符号。王阳明“岩中花树”的公案，揭示“心外无物”的审美生成机制。

古希腊将美视为理性与比例的化身。柏拉图在《会饮篇》中定义美为“永恒的理念”，亚里士多德则以《诗学》确立悲剧的“卡塔西斯”（净化）之美。奥古斯丁在《忏悔录》中惊叹“迟到的我如此爱你，古老又崭新的美”。哥特式教堂的飞扶壁与玫瑰花窗，但丁《神曲》中贝雅特丽齐的形象，都是“上帝即美”观念的艺术具象化。文艺复兴打破神学桎梏，达·芬奇以《蒙娜丽莎》的微笑重构人性之美，莎士比亚借哈姆雷特之口高呼“人是宇宙的精华”，彰显人文主义审美觉醒。启蒙时代，康德在《判断力批判》中提出“无目的的合目的性”，将美定义为“普遍可传达的快感”；黑格尔则以“美是理念的感性显现”，赋予艺术以认知真理的崇高地位。

现当代美学著作关注社会变迁对审美的影响，强调审美能力的培养对人格完善的作用。梁启超在《美的生活》中提出，美是“生活态度的选择”，主张通过日常细节的审美化对抗功利主义异化。朱光潜在《谈美书简》中呼吁“慢慢走，欣赏啊”，主张通过审美教育唤醒麻木感知，以“无所为而为”的态度重建生活诗意，李泽厚则从马克思主义美学出发，主张美育需与社会实践结合，通过参与艺术活动提升批判性思维与创造力。

二、经典导读

《诗经》

《诗经》是中国最早的诗歌总集，成书于西周初年至春秋中叶，被尊为“五经之首”和“东方美学的基因库”。这部由民间歌谣、贵族宴乐与祭祀乐章构成的诗歌集，以“风雅颂”为体例，开创赋比兴手法，将先民对自然的敬畏、生命的礼赞、爱情的渴慕熔铸成永恒的艺术丰碑。其“乐而不淫，哀而不伤”的中和之美，如汩汩清泉滋养着华夏文明的审美根系，成为后世“尽善尽美”儒家美学的源头活水。

原文

关关雎鸠，在河之洲。窈窕淑女，君子好逑。参差荇菜，左右流之。窈窕淑女，寤寐求之。求之不得，寤寐思服。悠哉悠哉，辗转反侧。参差荇菜，左右采之。窈窕淑女，琴瑟友之。参差荇菜，左右芼之。窈窕淑女，钟鼓乐之。

（《国风·周南·关雎》）

译文

关关和鸣的雎鸠，栖息在河中的小洲。贤良美好的女子，是君子好的配偶。参差不齐的荇菜，在船的左右两边摘取。贤良美好的女子，日日夜夜都想追求她。追求却没法得到，日日夜夜总思念她。绵绵不断的思念，叫人翻来覆去难入睡。参差不齐的荇菜，在船的左右两边采摘。贤良美好的女子，弹琴鼓瑟来亲近她。参差不齐的荇菜，在船的左右两边去拔它。贤良美好的女子，敲起钟鼓来取悦她。

解析

《关雎》开篇即展现天人合一的意境架构。雎鸠的求偶鸣叫与人类的求爱心理形成自然隐喻，水陆相映的空间布局暗含阴阳调和。叠字“关关”模拟鸟鸣声韵，形成听觉通感；“寤寐求之”的昼夜循环，构建起情感的时空律动。孔子赞其“乐而不淫”，恰在于这种将炽热情感纳入礼制框架的节制美。

原文

蒹葭苍苍，白露为霜。所谓伊人，在水一方。溯洄从之，道阻且长。溯游从之，宛在水中央。蒹葭萋萋，白露未晞。所谓伊人，在水之湄。溯洄从之，道阻且跻。溯游从之，宛在水中坻。蒹葭采采，白露未已。所谓伊人，在水之涘。溯洄从之，道阻且右。溯游从之，宛在水中沚。

（《国风·秦风·蒹葭》）

译文

河边芦苇青苍苍，秋深露水结成霜。我所怀念的心上人啊，就在河水那一方。逆着流水去找她，道路险阻又太长。顺着流水去找她，仿佛在那水中央。河边芦苇密又繁，清晨露水未曾干。我所怀念的心上人啊，就在河岸那一边。逆着流水去找她，道路险阻攀登难。顺着流水去找她，仿佛就在水中滩。河边芦苇密稠稠，早晨露水未全收。我所怀念的心上人啊，就在水边那一头。逆着流水去找她，道路险阻曲难求。顺着流水去找她，仿佛就在水中洲。

解析

《蒹葭》中秋晨的芦苇凝结着寒霜，虚实相生的伊人形象在雾霭中若隐若现。三章复沓中“溯洄从之”与“溯游从之”的空间位移，恰似水墨画的留白技法，让不可触及的美在追寻过程中越发清晰。这种“可望而不可即”的怅惘，衍生出中国美学特有的“隔”与“不隔”的辩证思考。

原文

采薇采薇，薇亦刚止。曰归曰归，岁亦阳止。王事靡盬，不遑启处。忧心孔疚，我行不来。彼尔维何？维常之华。彼路斯何？君子之车。戎车既驾，四牡业业。岂敢定居？一月三捷。驾彼四牡，四牡骙骙。君子所依，小人所腓。四牡翼翼，象弭鱼服。岂不日戒，猃狁孔棘。昔我往矣，杨柳依依。今我来思，雨雪霏霏。行道迟迟，载渴载饥。我心伤悲，莫知我哀！

（《小雅·采薇》）

译文

豆苗采了又采，薇菜的茎叶变老了。说回家了回家了，又到了十月小阳春。征役没有休止，哪能有片刻安身。心中是那么痛苦，到如今不能回家。那盛开着的是什么花？是棠棣花。那驶过的是什么人的车？当然是将帅们的从乘。兵车已经驾起，四匹雄马又高又大。哪里敢安然住下？因为一个月多次交战。驾起四匹雄马，四匹马高大而又强壮。将帅们坐在车上，士兵们也靠它隐蔽遮挡。四匹马训练得已经娴熟，还有象骨装饰的弓和鲨鱼皮箭囊（指精良的装备）。怎么能不每天戒备呢？猃狁之难很紧急啊。回想当初出征时，杨柳依依随风吹。如今回来路途中，大雪纷纷满天飞。道路泥泞难行走，又饥又渴真劳累。满腔伤感满腔悲，我的哀痛谁体会！

解析

《采薇》中戍边士兵归途中的独白，用植物意象标记时空坐标。往昔出征时柔柳拂面的春日暖意，与归乡时雨雪交加的冬日苦寒形成强烈反差。“杨柳”作为离别符号，“雨雪”作为沧桑象征，在四季轮回中凝结成震撼人心的蒙太奇画面。清代王夫之评其“以乐景写哀，以哀景写乐，倍增其哀乐”，揭示出对比美学的深层力量。

《诗经》的美学基因已深深植入华夏文明的血液：屈原的香草美人体系承袭比兴传统，李白的“清水出芙蓉”呼应着《国风》的自然本色，杜甫的“星垂平野阔”延续着《雅》诗的雄浑气度。《诗经》创造的“兴象”系统，更成为后来山水诗、边塞诗、咏物诗的美学原型。从莫言小说中的民间叙事到张艺谋电影的色彩美学，这部古老经典仍在为现代艺术提供着源头活水，证明真正的美具有穿透时空的永恒力量。

《判断力批判》

康德的《判断力批判》（1790 年）是其“三大批判”的终章，前两部分别探讨“知”（《纯粹理性批判》）与“行”（《实践理性批判》），而第三部则聚焦

“情”——人类对“美”与“目的”的判断力。在康德哲学体系中，“美”是连接自然规律（真）与道德自由（善）的中介：当我们在自然中发现“无目的的合目的性”，既是知性与理性的隐秘共鸣，也是从必然王国向自由王国的过渡。全书分为“审美判断力批判”与“目的论判断力批判”，前者是核心，通过分析“鉴赏判断”（即审美判断）的先天原则，揭示美如何既独立于功利与概念，又具备普遍有效性。康德的美学革命在于：美不是对象的客观属性，而是主体在鉴赏时的心灵状态。

原文

鉴赏是通过不带任何利害的愉悦或不悦而从一个对象或一个表象方式做评判的能力。一个这样的愉悦的对象就叫作美。

（第五节 三种不同特性的愉快之比较）

解析

康德认为，审美愉悦的本质是“自由”——不受感官欲望与道德律令的束缚，是人在纯粹观照中体验到的精神解放。例如，面对一朵花，若仅因其形式引发愉悦而非占有欲或道德联想，才是真正的审美判断。这一命题揭示了审美活动的纯粹性，将美学从功利主义中解放出来。

原文

美是不依赖概念而被当作一种必然的愉快的对象。这种必然性不是建立在概念之上，而是建立在人人共有的、先验的“共通感”之上。

（第二十二节 在鉴赏判断里假设的普遍赞同的必然性）

解析

康德提出“共通感”作为先天预设：当我们说“晚霞是美的”，不仅表达个人感受，更暗含对普遍认同的诉求。这种必然性在敦煌壁画中尤为显著——千年流转，不同时代的观者仍能透过斑驳色彩，感知创作者灌注其中的审美理想。

原文

美是道德的象征。通过审美，我们能够感性地体验到道德法则的崇高，并激发对道德理念的敬重。

（第五十九节 论美作为道德性的象征）

解析

康德认为美与道德虽分属感性与理性领域，但存在深层关联。审美体验能激发对道德秩序的敬重，例如面对崇高的自然景观（如险峻山峰），人类会感受到自身理性的渺小与伟大，这种矛盾体验促使心灵超越自然限制，趋近道德的崇高。康德反对将道德简化为功利计算，主张通过审美培养“无利害的道德情感”，从而实现“德福一致”的至善理想。

《判断力批判》奠定了德国古典美学的基石，影响了席勒的“游戏说”、黑格尔的“理念显现”及现代现象学美学。其“无目的的合目的性”概念启发了艺术自律论，而“共通感”理论为审美共识提供了哲学依据。在当代讨论中，康德的反思判断方法仍被用于批判技术理性对审美的异化，呼吁回归主体自由与感性解放。

《人间词话》

王国维作为中国近代美学的开拓者，其《人间词话》以传统词话形式重构了中国美学的现代性框架。这部著作融合了康德的审美无功利性、叔本华的生命意志论与中国古典意境说，提出“境界说”这一核心命题，将中国美学从“文以载道”的伦理桎梏中解放出来，确立了“真感情”作为艺术本体的地位。

原文

词以境界为最上。有境界则自成高格，自有名句。五代、北宋之词所以独绝者在此。境非独谓景物也，喜怒哀乐亦人心中之一境界。故能写真景物、真感情者，谓之有境界。否则谓之无境界。

（卷上原编的第一篇，卷上原编的第六篇）

解析

王国维将“境界”确立为艺术美的最高标准，突破了传统诗论中“兴趣”“神韵”等概念的模糊性。他强调“真”是美的根基——“真景物”需具象可感，“真感情”需自然流露，二者的交融构成“不隔”的审美意象。例如五代十国时期词人李煜的“流水落花春去也，天上人间”，以凋零之景映射亡国之痛，物我合一，形成“有血有肉”的悲剧美。这种美学观暗合叔本华“直观认识论”，即艺术应超越功利，通过“静观”把握理念本质。

原文

古今之成大事业、大学问者，必经过三种之境界："昨夜西风凋碧树。独上高楼，望尽天涯路。"此第一境也。"衣带渐宽终不悔，为伊消得人憔悴。"此第二境也。"众里寻他千百度，蓦然回首，那人却在，灯火阑珊处。"此第三境也。

（第二十六则）

解析

第一境：立志与求索。晏殊词句象征学术与事业的起点——孤独而清醒的探索，如屈原"路漫漫其修远兮"的求道精神。第二境：执着与坚守。柳永词句体现"为艺术而艺术"的献身态度，类似曹雪芹"披阅十载，增删五次"的创作苦旅。第三境：顿悟与超越。辛弃疾词句揭示艺术创造的偶然性与必然性，如禅宗"拈花一笑"的瞬间通达，呼应老子"大巧若拙"的哲学。三境界从"有我"到"无我"，从"刻意"到"天然"，映射王国维对"真美"的追求——艺术需经历理性锤炼，最终回归直觉与灵性。

原文

境界有大小，不以是而分优劣。"细雨鱼儿出，微风燕子斜"，何遽不若"落日照大旗，马鸣风萧萧"？"宝帘闲挂小银钩"，何遽不若"雾失楼台，月迷津渡"也？

（第八则）

解析

此论颠覆传统"壮美优于优美"的价值序列。杜甫的"细雨微风"与"落日马鸣"，前者展现微观生命的灵动，后者呈现宏观时空的苍茫，二者在"真"的维度上等价。这种平等观暗合现象学美学主张——审美价值取决于体验的"充实性"，而非对象的物理规模。

《美的生活》

《美的生活》是梁启超晚年美学思想的集大成之作，收录了其在教育、文学、艺术、人生哲学等领域的代表性文章。全书分为趣味生活、为学与做人、文学之美、认识自己四篇，系统阐释了梁启超以"趣味主义"为核心的美学体系。梁启超将审美、人生、艺术视为三位一体的理论基石，主张通过情感教育与趣味教育实现人格的升华与生命的丰盈。梁启超的美学体系以“趣味”为枢纽，构建了融通中西、贯通古今的独特范式。他既继承儒家“尽善尽美”的伦理美学，又吸纳柏格森生命哲学，提出“美的生活即趣味化、艺术化之生活”。在当代语境下，这一思想对治愈“精神饥荒”具有现实意义：当物质消费主义泛滥时，《美的生活》启示我们——真正的美育不在风花雪月，而在将生命热情注入日常，让每个灵魂成为“自我艺术的创造者”。

原文

情感教育的目的，不外将情感美化……譬如一块炭，投入炉中，不消片刻便化为火焰。情感经陶铸后，自然能如火的热，如光的亮，使人格成为一件“艺术品”。

（第三篇《为学与做人》）

解析

梁启超将美育本质定义为“情感淬炼”——如同炭火燃烧释放光热，人通过情感教育可重塑灵魂质地，使生命升华为“活的艺术品”。他强调美不仅是感官愉悦，更是人格的燃烧态：当真诚、勇气等品质与情感融合，人性便具有了青铜器般浑厚或瓷器般清透的精神审美价值。

原文

趣味是生活的原动力……趣味丧掉，生活便成了无意义的徒刑。但趣味有高下：赏名花、尝佳肴，是刹那的趣味；研究学术、服务社会，是将自我化入宇宙的永久趣味。

（第一篇《趣味教育与教育趣味》）

解析

此段揭示“美学生活”的核心引擎在于高级趣味。梁启超区分感官快感（“刹那之美”）与精神愉悦（“永恒之美”），后者通过自我与宇宙的共鸣实现——如同中国画“天人合一”的境界。真正的美产生于个体生命投身人类进步时的崇高感，是“小我”融入“大我”的壮丽诗篇。

原文

庄子说“虚室生白”，又说“无用之用”。西湖若全被亭台填满，便失其空明之致；《诗经》若句句直白，何来“杨柳依依”的余韵？美在“无用处”的留白处汹涌。

（第三篇《美术与生活》）

解析

梁启超以中国古典美学“虚实相生”解读生活美。西湖的空蒙、《诗经》的隐微，揭示“空白即美的呼吸空间”。他主张人生如艺术：刻意追求功利效率恰如填满画纸，反窒息生命灵气；而从容观照、留余地耕耘心田（“虚室”），方能在“无用处”听见灵魂的清响。

原文

尽责任是人生最苦之事，却也是人生最乐之境……这苦中的乐，非肉体享受可比，是在灵魂深处涌出的甘泉——所谓“如释重负”，正是责任完成时神圣的愉悦。

（第二篇《最苦与最乐》）

解析

梁启超将道德实践诗化为审美体验。责任的重压如雕刻刀，使人格在“苦”的砥砺中显影出山岳般的轮廓；而尽责后的释然，则是灵魂自证的璀璨瞬间。这种“庄严之美”超越了肤浅欢愉，是人性在对抗虚无时迸发的精神焰火。

原文

樵夫劈柴时筋肉舒展节奏，农人插秧时翠野分行序列，皆天然美术……若能用美术眼光体察劳动韵律，则瓦砾工地可比王维之诗，喧嚣市井有贝多芬交响。

（第三篇《美术与生活》）

解析

此段颠覆“美在殿堂”的旧识，提出“美在汗滴的轨迹里”。梁启超认为，劳动中肢体的律动（劈柴）、生产的有序（插秧）本即生命能量的舞蹈。当人以审美之心凝视平凡劳作，便能在重复中看见凡·高《播种者》的笔触，在嘈杂中听见宇宙秩序的宏大赋格。

《谈美》

《谈美》是朱光潜于1932年创作的通俗美学论著，以书信体形式呈现，共15

章。该书以“人生的艺术化”为核心命题，旨在通过探讨“美”的本质，引导读者以超功利的态度重塑生活，实现“免俗”与“人心净化”。创作背景正值中国战乱年代，朱光潜希望通过美学唤醒国民精神，倡导以“出世的精神做入世的事业”。书中融合了克罗齐的直觉主义美学、中国传统道家思想及儒家精神，被誉为“中国现代美学的启蒙经典”。全书从美感经验出发，系统阐释了美的本质、审美态度、艺术创造与人生境界的关系，最终提出“艺术化人生”的实践哲学。其语言平易近人，常以古松、海雾、月亮等生活意象为例，将抽象理论具象化。

原文

假如你是一位木商，我是一位植物学家，另外一位朋友是画家，三人同时来看这棵古松。我们三人可以说同时都“知觉”到这一棵树，可是三人所“知觉”到的却是三种不同的东西。你脱离不了你的木商的心习，你所知觉到的只是一棵做某事用值几多钱的木料。我也脱离不了我的植物学家的心习，我所知觉到的只是一棵叶为针状、果为球状、四季常青的显花植物。我们的朋友——画家——什么事都不管，只管审美，他所知觉到的只是一棵苍翠劲拔的古树。

（第一章 我们对于一棵古松的三种态度——实用的、科学的、美感的）

解析

朱光潜通过古松的例子，将审美态度与实用态度、科学态度严格区分。木商关注“值多少钱”（功利性），植物学家关注“分类属性”（认知性），而画家关注“苍翠劲拔”（直观形象）。这种区分的核心在于：审美态度是对事物“形象本身”的直觉把握，剥离了一切功利考量与理性分析。

原文

阿尔卑斯山谷中有一条大汽车路，两旁景物极美，路上插着一个标语牌劝告游人说：“慢慢走，欣赏啊！”许多人在这车如流水马如龙的世界过活，恰如在阿尔卑斯山谷中乘汽车兜风，匆匆忙忙地急驰而过，无暇一回首流连风景，于是这丰富华丽的世界便成为一个了无生趣的囚牢。

（第十五章“慢慢走，欣赏啊！”——人生的艺术化）

解析

朱光潜提出“人生的艺术化”，主张将审美态度融入日常生活。例如，陶渊明

"采菊东篱下"的悠然，苏轼"莫听穿林打叶声"的豁达，均是以艺术精神超越现实困境的典范。这也是对我们内心深处的呼唤，提醒我们在忙碌的生活中，不要忘记停下脚步，去发现和欣赏身边的美好，让美融入我们的生活，实现人生的艺术化。

原文

"伟大的人生和伟大的艺术都要同时并有严肃与豁达之胜。陶渊明'采菊东篱下'的闲逸，实则是'刑天舞干戚'式的人生抗争的诗意转化。""过一世生活好比做一篇文章，'修辞立其诚'是文章要诀，亦是人生真谛。"

（第十五章"慢慢走，欣赏啊！"——人生的艺术化）

解析

朱光潜提出"人生艺术化"的终极命题，将审美从技艺层面提升至存在论高度。陶渊明的"悠然见南山"并非消极避世，而是以审美态度重构现实困境，在躬耕劳作中实现生命的诗性突围。这种"严肃"与"豁达"的辩证统一，与尼采《悲剧的诞生》中酒神精神与日神精神的融合遥相呼应。"修辞立其诚"的类比则揭示：艺术化人生的本质是"真"的极致追求。如同凡·高在《星空》中燃烧的笔触，人生的每个抉择都应如艺术创作般真诚炽烈，在有限中创造无限。

《美的历程》

《美的历程》是李泽厚于1981年出版的文艺理论经典，是中国美学史上具有里程碑意义的著作。不同于传统美学的哲学思辨或艺术史的单纯考据，李泽厚以"历史本体论"为根基，将美学置于中国文明演进的宏大脉络中，提出"美是人类社会实践的历史积淀"这一核心命题。全书以十章篇幅，从原始图腾的神秘巫舞到明清戏曲的世俗风情，勾勒出中国美学从"自然的人化"到"人的对象化"的螺旋上升轨迹，兼具历史纵深感与哲学穿透力。《美的历程》以宏阔的视野与精微的洞察，将中国艺术史转化为一部"美的精神史诗"。李泽厚不仅揭示了形式背后的历史密码，更赋予美学以哲学深度与文化使命感。此书不仅是美学经典，更是一部启迪现代人重审传统、建构文化主体性的思想巨著。

原文

远古时期的审美与艺术并未独立或分化，它们潜藏在种种原始巫术礼仪等图腾活动中。龙是中国西部、南部部落联盟的图腾旗帜，而凤鸟成为中国东方集团的另一图腾符号。它们正是审美意识和艺术创作的萌芽。

（第一章 龙飞凤舞）

解析

李泽厚指出，原始艺术并非独立存在，而是与巫术礼仪、图腾崇拜融为一体。例如，红山文化的“C形玉龙”既是部落图腾，又通过夸张的造型传递先民对自然力量的敬畏，其蜿蜒曲线暗含“有意味的形式”，成为审美意识的最初载体。“龙飞凤舞”不仅是装饰纹样，更是原始部落的集体狂欢符号。

原文

饕餮纹的狞厉之美，在于它以超现实的巨力感，凝固了那个“人殉”与“暴力”交织的青铜时代。它的恐怖与威严，既是统治者神权的象征，也是人类对自身力量的首次审美确认。

（第二章 青铜饕餮）

解析

商周青铜器上的饕餮纹，通过夸张的兽面造型（如凸目、獠牙）营造震慑力。这种“狞厉”并非单纯的恐怖，而是文明初期暴力征服与宗教狂热的矛盾统一体：既是对战争的残酷记录（如二里头青铜钺上的砍杀纹），也是对部族权威的神圣化。李泽厚将青铜艺术视为“历史的无声史诗”。如四羊方尊的立体造型，既展现殷商高度发达的青铜工艺，也隐喻着“尊神重鬼”的社会结构。这种美学风格与奴隶制崩溃后的“百家争鸣”形成鲜明对比，印证“美的历程即文明的褶皱”。

原文

盛唐艺术的典型代表就是唐诗。它既不纯是外在事物、人物活动的夸张描绘，也不只是内在心灵、思辨、哲理的追求，而是对有血有肉的人间现实的肯定和感受，憧憬和执着。一种丰满的、具有青春活力的热情和想象，渗透在盛唐文艺之中。

（第七章 盛唐之音）

解析

李泽厚将盛唐艺术视为人类实践征服自然的审美结晶。例如，李白诗中的“黄河落天走东海”，既是对自然伟力的直观赞美，也是对唐代国力强盛的隐喻。这种

“人化”不仅体现在物质生产（如大运河开凿），更体现在精神层面（如“天可汗”的文化自信）。盛唐之音兼具感性直观（如王维“大漠孤烟直”的画面感）与理性积淀（如杜甫“国破山河在”的历史意识）。李泽厚认为，这种矛盾性源于“原始积淀”（自然形式）与“艺术积淀”（文化传统）的交融。

《美学散步》

宗白华的《美学散步》是一部熔铸中西、打通古今的美学文集。不同于朱光潜的系统严谨与李泽厚的历史积淀，宗白华的美学是“散步”式的——他拒绝构建宏大理论体系，而是以诗人的敏感、哲人的深邃，在艺术与哲学的小径上信步闲游，从中国诗词、书画、音乐、戏曲中提炼出独特的审美精神，同时援引西方美学（如康德、叔本华）作为参照，最终汇集成中国现代美学史上最具诗意的美学经典。全书共收录18篇文章，分为“中国美学史”“艺术论”“中西美学比较”三大板块。宗白华的《美学散步》提醒我们：审美不是知识的堆砌，而是带着“赤子之心”重新打量世界。正如他在书中所言：“艺术是精神生活的结晶，是时代文化的证据。”当我们在《美学散步》中学会用诗性的眼光观照世界，便已踏上了一条通向自由与超越的美学之路——这条路上，每一步都有美的灵光闪烁，每一次驻足都是生命与宇宙的深情对话。

原文

散步是自由自在、无拘无束的行动，它的弱点是没有计划、没有系统。但散步也是获取美感的一种方式。当你在花园里散步时，很容易生发偶遇一朵奇花或一棵异草的惊喜。

艺术意境的创构，是使客观景物作我主观情思的象征。我人心中情思起伏，波澜变化，仪态万千，不是一个固定的物象轮廓能够如量表出，只有大自然的全幅生动的山川草木，云烟明晦，才足以表象我们胸襟里蓬勃无尽的灵感气韵。

（《中国艺术意境之诞生》章节）

解析

宗白华提出的“散步美学”，本质是对传统逻辑化美学体系的解构。他主张以“游目骋怀”的自由状态体验美，如同庄子“逍遥游”般摆脱概念束缚。这种美学方法论与现象学“回到事物本身”的直观性不谋而合——强调在流动的观照中捕捉美的本质。例如他解读王昌龄的《初日》时，将晨光拟人化为“跳进闺房”“抚摩乐器”的灵动存在，正是通过诗性直观将物理现象升华为审美意象。

原文

“中国艺术‘大中见小，小中见大，虚中有实，实中有虚，或藏或露，或浅或深’，不仅在周回曲折四字。”“化实景而为虚景，创形象意味象征，使人类最高的心灵具体化、肉身化，这就是‘艺术境界’。”

（《中国艺术意境之诞生》章节）

解析

宗白华将中国艺术的“虚实”辩证关系提升至哲学高度。在分析园林建筑时，他列举“借景”手法（远借、邻借、仰借等），指出空间通过虚实交叠形成“层深的意境”——如苏州留园透过漏窗将外部山水引入室内，实墙转化为虚境，有限空间获得无限延伸。这种美学观源于《周易》“立象尽意”与道家“有无相生”思想，与莱辛《拉奥孔》中“诗画界限论”形成对话：西方强调时空分立，中国则追求时空交融的“灵的空间”。其“虚实论”在诗歌领域表现为“无我之境”的营造。如王维“空山不见人，但闻人语响”，以听觉的“实”反衬视觉的“虚”，在空缺中投射宇宙生命的律动，实现“超以象外，得其环中”的审美超越。

三、实践延伸

（一）自我审视

（1）你对自己身体的审美评判中，有多少源自镜中映象的客观观察，多少来自他人目光的内化投射？

（2）你是否曾通过创造美（写作、绘画、手工）来表达自我？这种创造过程如何让你更了解自己？

（二）情境设定

选择家中一个高频使用的角落（如书桌、厨房操作台、卧室窗台），在非功能性时间（如周末清晨/睡前半小时）进行“去目的化停留”：触摸桌面木纹的肌理，观察水杯在阳光下的折射光斑，聆听冰箱运行的低频噪声与窗外鸟鸣的节奏关系，记录身体与空间接触时的微妙感受（如椅脚与地板摩擦的震动、窗帘拂过手臂的触感）。

建议阅读：宗白华的《美学散步》：理解“意境 = 直观感相 + 生命节奏 + 灵境启示”，尝试将书桌视为“微型山水”（如台灯 = 山，笔记本 = 云，绿植 = 树），通过物品摆放创造“小空间的气韵流动”。

行为实验：“空间重构游戏”实验。① 减法游戏：移除角落中 3 件“功能性大于审美性”的物品（如充电线收纳盒、堆积的快递单），观察空间的“呼吸感”变化，记录留白带来的视觉愉悦度。② 错位重组：将跨场景物品混搭（如把厨房的粗陶碗放在书桌当笔筒、用旧围巾包裹台灯底座），创造“非功能性审美组合”，拍摄对比照片并询问他人感受。③ 时间标记：在空间中放置 1 件“随时间变化的物品”（如逐渐枯萎的花、每日更新的手账、窗台上的光影移动轨迹），记录其“衰变/生长”过程中的审美体验（如枯叶的褶皱 = 自然的素描，手账的涂鸦 = 时间的拼贴）。

（三）实践活动

在操场/广场观察学生活动（如跳绳的弧线、树荫下的追逐、逆光中飘动的发丝），用手机拍摄 3 个“动态瞬间”，尝试用“视觉诗”形式命名（例如：《跳跃时校服拉链画出的银线》《爬山虎阴影在奔跑者后背的迁徙》）。

主题5

自 信

一、内涵解析

“自信”是个体基于对自身能力、价值及应对世界的稳定性认知，形成的一种内在信念系统与行为倾向。它表现为对自我效能的积极预期，即在面对挑战、压力或不确定性时，相信自己有能力采取有效行动并达成目标，同时接纳自身局限而不陷入自我怀疑的稳定心理特质。它既是个人成功的基石，也是民族文化的魂魄；既表现为对自我能力的坚定信念，又体现为面对困境时的从容不迫。从心理学视角看，“自信”是一个多维建构，包含对自己品德、能力、身体及人际关系等方面的信任。现代心理学将自信分解为三个核心要素：“我能”的自我胜任感，表现为对自己所知与所能的信心；“我坚信”的自我决定能力，即对自己所想或所做的不轻易动摇；“我坚持”的意志力，指面对困难时的坚韧不拔。这三个要素共同构成了自信的心理基础，使个体能够在复杂环境中保持稳定的自我评价与行为一致性。“自信”一词在中国古代典籍《墨子·亲士》中早有记载：“虽杂庸民，终无怨心。彼有自信者也。”此处“自信”即指人对自己品格的坚定信念。晋代陆机在《君子行》中写道“近情苦自信，君子防未然”，则体现了自信与谨慎之间的辩证关系。而宋代曾巩在《〈战国策〉目录序》中批评那些“惑于流俗，而不笃于自信者也”，从反面强调了保持独立判断的重要性。这些古代文本中的“自信”概念，已经包含了自我信任、独立判断和坚定品格等多重意涵。

西方对“自信”的探讨始于古希腊的英雄主义与理性自律。荷马史诗中的奥德修斯以“智勇双全”成为自信的典范，其“人是万物的尺度”奠定了人类中心主义的自信根基；亚里士多德将“自信”归入“灵魂的卓越”，在《尼各马可伦理学》中定义为“介于鲁莽与怯懦之间的中道”，强调理性对激情的节制，如“勇士为正义而战”的坚定。文艺复兴至启蒙时代，将自信从神性回归人性。但丁《神曲》中

"地狱篇"的题词"进入此门者，放弃一切希望"反向印证了自信的价值——唯有依靠"理性"与"爱"，人类才能突破困境；笛卡儿"我思故我在"将自信锚定在理性认知的确定性上，康德"人是目的而非手段"则赋予自信以道德法则的庄严性，强调个体作为理性存在者的尊严不可侵犯。

到近现代，"自信"从文化自救到个体觉醒。梁启超在《新民说》中呼吁"自信力"为救国之本，认为"凡一国之能立于世界，必有其国民独具之特质"，将自信与民族文化认同绑定；鲁迅在《中国人失掉自信力了吗》中批判"自欺力"，重构"中国的脊梁"（埋头苦干者、拼命硬干者）的自信形象，强调实践层面的韧性；当代学者费孝通提出"文化自觉"，将自信拓展为对本土文化"自知之明"基础上的包容与创新，避免陷入封闭的"文化自大"。从梁启超的民族文化救赎、鲁迅的实践理性重构到费孝通的文化自觉理论，中国近现代的自信话语经历了从集体认同奠基到个体实践激活，再向开放创新升华的三重演进，不仅完成了从被动文化自救向主动文明转型的范式突破，更构建起兼具历史厚度与实践深度的现代性自信体系。

二、经典导读

《传习录》

《传习录》是明代思想家王阳明的问答语录与书信集，由其弟子编纂而成，集中体现了心学思想的核心要义。全书分上、中、下三卷，以"心即理""知行合一""致良知"为纲领，主张通过内在心性修养实现人格完善。王阳明认为，自信源于对"心体"本自具足的认同，而遮蔽自信的根源在于私欲与外在干扰。这部著作不仅是中国哲学史上的经典，更是一部关于自我觉醒与精神力量的实践指南。《传习录》从多个方面为人们树立自信提供了理论指导和实践方法。它让人们认识到，自信源于内心的真理和道德力量，通过不断地致良知和知行合一，人们能够培养和增强自信，实现自我的价值和成长。

原文

先生曰："知是行之始，行是知之成。若会得时，只说一个知，已自有行在；只说一个行，已自有知在。"又曰："人须在事上磨，方立得住；方能静亦定，动亦定。”

[《徐爱录》(上卷第 5 章),《陆澄录》(上卷第 12 章)]

译文

先生说：“认知是行动的开始，行动是认知的完成。如果真正领悟了，只说一个‘知’，其中已经包含了行动；只说一个‘行’，其中已经包含了认知。”先生又说：“人必须在具体事务中磨炼，才能站稳脚跟；才能在安静时保持定力，在行动时也保持定力。”

解析

王阳明的“知行合一”并非简单的“理论结合实践”，而是强调自信必须通过行动来证成。真正的认知（如“知孝”）必然伴随行动的意愿，而行动（如“行孝”）则是认知的完成。若“知而不行”，则是“未真知”，本质上是对自我良知的不自信。自信不是静态的心理状态，而是在具体事务中（如待人接物、应对困境）不断锤炼的结果。正如《传习录》中所言：“日间工夫觉纷扰，则静坐；觉懒看书，则且看书。是亦因病而药。”这种动态的实践，使自信从抽象的信念转化为稳定的人格特质。王阳明在平定宁王叛乱时，面对朝廷猜忌仍坚持“变卖宁王财产赈灾”，这种“致良知”的实践正是自信的外化。他深知“良知安，一切安”，故能超越世俗得失。

原文

先生曰：“尔那一点良知，是尔自家底准则。”又曰：“良知在人，随你如何不能泯灭，虽盗贼亦自知不当为盗，唤他作贼，他还忸怩。”

[《陈九川录》(下卷)]

译文

先生说：“你心中的那一点良知，就是你自己的准则。”先生又说：“良知存在于每个人心中，无论如何都不会消失。即使是盗贼，也知道自己不该做盗贼，当别人称他为贼时，他也会感到羞愧。”

解析

“致良知”是王阳明心学的终极工夫，其本质是通过去除私欲，恢复良知的本然状态，从而实现自信的升华。良知是每个人内在的道德法庭，无须依赖外部权威。这种“内在立法”赋予个体绝对的自信——只要依良知而行，便无须迎合他人的评判。即使是作恶之人，其良知仍未完全泯灭。这说明自信的根基是人性本善，而非外在行为的完美。正如《传习录》中“意之本体便是知，意之所在便是物”，只要向内觉察，人人皆可唤醒自信。

原文

先生曰：“大人者，以天地万物为一体者也。”

又曰：“仁人之心，以天地万物为一体，欣合和畅，原无间隔。”

（《大学问》，《答聂文蔚》）

译文

先生说：“真正的大人，是将天地万物视为一个整体的人。”先生又说：“有仁德的人，心中将天地万物视为一体，与万物和谐共处，没有隔阂。”

解析

当个体超越私欲的局限，便能体验到与万物的内在联结。这种体验消解了“自我”与“他者”的对立，使自信不再是对个人能力的执着，而是对生命整体的信任。这种自信表现为对世界的开放与包容，而非封闭的自我中心。正如《传习录》中“心之本体，原只是个天理”，当个体与天理（宇宙规律）合一，便能“从心所欲不逾矩”。

《自卑与超越》

《自卑与超越》是奥地利心理学家阿尔弗雷德·阿德勒的作品，出版于 1932 年。阿德勒认为人类的行为和心理都受到追求优越和克服自卑的驱动。每个人在成长过程中都会体验到不同程度的自卑，而这种自卑并非一种病态，而是人类追求进步的动力源泉。通过正确地理解和应对自卑，人们可以实现自我超越，走向自信和成功。该书以通俗易懂的语言，结合大量的案例，深入剖析了自卑心理的产生根源以及超越自卑的方法，为人们认识自我、提升自我提供了理论依据和实践指导。

原文

我们每个人都有不同程度的自卑感，因为我们都发现自己所处的地位是我们希望加以改进的。如果我们一直保持着勇气，便能以直接、实际而完美的方法改进环境，使自己脱离自卑感。

（第三章 自卑感与优越感）

解析

阿德勒认为自卑是人类的普遍状态，源于对现状的不满与对自我提升的渴望。这种自卑感并非负面，而是推动个体追求卓越的原始动力。例如，一个因身材矮小而自卑的人，可能通过发展其他优势（如智力、艺术才能）来补偿生理缺陷，从而建立自信。这种补偿机制是阿德勒理论的核心，他指出："生理缺陷虽然会带来困难，但也能激发个体的潜力。"

原文

只有当一个人学会与他人合作，并为社会做出贡献时，他才能真正克服自卑，找到生命的意义。

（第一章 生命的意义）

解析

阿德勒强调，自信的建立离不开社会兴趣的培养。社会兴趣指个体对他人福祉的关注及参与社会合作的意愿。当个体将自我价值与社会贡献结合时，自卑感会转化为对集体目标的追求，从而获得更稳固的自信。例如，一个因社交恐惧而自卑的人，通过参与志愿者活动帮助他人，在合作中体验到自身价值，逐渐克服自卑。

原文

生命的意义在于对他人的贡献，在于与他人的合作。当一个人能够以这种方式生活时，他的自卑感就会转化为前进的动力，而非阻碍。

（第一章 生命的意义）

解析

阿德勒认为，自信源于对生命意义的正确理解。当个体将自我价值与社会贡献绑定，自卑感就不再是自我否定的根源，而是推动成长的力量。例如，一个因经济贫困而自卑的人，若通过努力改善自身并帮助他人，会在这一过程中找到生命的意义，从而建立基于内在价值的自信。

原文

自卑感本身并不是变态的，它是人类处境得以改善的动力源泉。

（第三章 自卑感与优越感）

解析

阿德勒强调，自卑与自信是动态平衡的。适度的自卑能激发潜能，但若处理不当（如陷入自卑情结），则会阻碍发展。例如，一个学生因成绩落后而自卑，若通过努力提升成绩，自卑转化为自信；若因此自暴自弃，则形成自卑情结。

《被讨厌的勇气》

《被讨厌的勇气》是日本哲学家岸见一郎与日本作家古贺史健合著的心理学经典，以对话体形式阐释了阿尔弗雷德·阿德勒的个体心理学思想。该书通过“青年”与“哲人”五夜的辩论，探讨了自卑、自由、幸福等人生命题，核心观点直指现代人的精神困境：真正的自信源于对自我的接纳与对人际关系的超越。阿德勒心理学反对弗洛伊德的“原因论”（即过去决定现在），提出“目的论”，主张人的行为由当下的目的驱动，而非过往经历束缚。这一理论强调人的主观能动性，认为个体可以通过选择重塑人生，从而为自信提供了哲学根基。《被讨厌的勇气》从自信的角度为我们打开了一扇新的窗户，让我们看到了一种全新的生活态度和人生哲学。它告诉我们，自信不是天生的，而是可以通过后天的学习和实践来培养的。只要我们学会接纳自己、专注当下、勇敢地面对他人的评价，就能够拥有被讨厌的勇气，从而真正地建立起属于自己的自信，在人生的道路上坚定地走下去。

原文

你并不是为了满足别人的期待而活，我也不是为了满足别人的期待而活着。我们没必要去满足别人的期待。

（第三夜 让干涉你生活的人见鬼去）

解析

阿德勒心理学认为，自信的第一步是区分“自己的课题”与“他人的课题”。青年的焦虑源于过度关注他人评价（如“朋友是否认可我的选择”），而哲人指出：“干涉甚至担负起别人的课题这会让自己的人生沉重而痛苦”。例如，当青年因害怕被讨厌而迎合他人时，他的自信建立在“他人的期待”之上，这种虚假自信本质上是对自我价值的否定。

原文

自我接纳是指假如做不到就诚实地接受这个“做不到的自己”，然后尽量朝着能够做到的方向去努力，不对自己撒谎。

（第二夜 一切烦恼都来自人际关系）

解析

阿德勒区分了“自我接纳”与“自我肯定”。自我肯定是对自己撒谎（如“我能行”），而自我接纳是承认不足并接纳真实的自我。例如，青年因学历自卑，若强行自我肯定（“我学历低但能力强”），本质上仍是对自身价值的否定；而自我接纳则是“我学历低，但这不妨碍我通过努力创造价值”。阿德勒本人因童年体弱自卑，却通过学术成就实现自我接纳。他的理论证明：自卑可以转化为成长动力，前提是接纳真实的自我。

原文

不惧怕被人讨厌而是勇往直前，不随波逐流而是激流勇进，这才是对人而言的自由。

（第三夜 让干涉你生活的人见鬼去）

解析

阿德勒将自信与自由等同，认为真正的自信是“被讨厌的勇气”。这种勇气包含三层含义：一是独立判断。如青年最终选择理想职业，而非迎合朋友期待。二是承担责任。即使被讨厌，也接受自己的选择带来的后果。三是超越自我。将对“自我的执着”转化为“对他人的关心”，如书中“把马带到水边，但不能强迫其喝水”的比喻。

《蛤蟆先生去看心理医生》

《蛤蟆先生去看心理医生》是英国心理学家罗伯特·戴博德以经典童话《柳林风声》为蓝本创作的心理寓言。书中通过10次心理咨询对话，展现了一个因童年创伤、社会评价而丧失自我价值的抑郁者，如何在咨询师苍鹭的引导下重构自信的全过程。全书以“儿童自我状态”“父母自我状态”“成人自我状态”三大心理模型为核心，揭示自信的本质是摆脱依赖、独立决策的能力。蛤蟆从最初蜷缩于“我不好，你好”的人生坐标，到最终建立“我好，你也好”的完整自我认知，完成从自我否定到自信自洽的蜕变。说明自信不是与生俱来的天赋，而是认知重构、状态转换、行动验证的动态过程。

原文

在“儿童自我状态”里，你会体验到童年的感受，再现过去的情绪，但学不到新的东西。只有在“成人自我状态”中，你才能理性应对现实，不再被父母的声音或童年情绪所困。

（第五章 成长的寓言）

解析

蛤蟆先生的自信缺失源于长期被困在“儿童自我状态”中。他习惯用顺从、讨好的方式应对他人（如面对父亲的苛责、朋友的批评），本质上是通过压抑真实自我来换取安全感。例如，当老友獾要求他辞去校董职务时，他本能地想妥协，但在苍鹭的引导下，他开始用“成人自我状态”思考：“我意识到自己不必再像小时候那样，为了赢得认可而牺牲自我。这次我要为自己的决定负责。”这种转变体现了自信的核心——从被动接受他人评判到主动定义自我价值。苍鹭指出，成人状态是“唯一能学习新事物的状态”，而学习新事物的过程正是自信积累的过程。

原文

“我认为你在玩游戏，你很会玩一个叫 PLOM（Poor Little Old Me——意思是‘可怜弱小的我啊’的游戏）。这个游戏你每局都赢了，也可以说是输了，这取决于你自己的看法。”

“我真不明白你在说什么。”蛤蟆恼怒地说，“我没有玩游戏，我诚实地告诉你这么件糟心事，你倒说我在跟你玩游戏？”蛤蟆一脸责怪地看着苍鹭。

“诚实是个很有意思的词，你的意思是我不诚实？”蛤蟆真要发火了，好歹他的家族座右铭可是“捍卫名誉”。

“是的，就是这个意思。”苍鹭的回答让人惊讶。“不过，我说的‘不诚实’和平时的意思有些不同，我是说，你可能对自己不诚实。为什么你总是遇到类似的事情？这些事情最后都让你显得很愚蠢，让对方占了上风，让你感觉又变回小时候那个可怜弱小的自己，到底是纯属倒霉，还是因为你用某种方式和对方共谋了这件倒霉事？”

“共谋是什么意思？”

“意思是达成一种秘密协议。我用‘共谋’是想说，你偷偷或无意识地配合对方，来给自己制造不快，这就是在玩心理游戏，而且在游戏里输的人才是赢家。”苍鹭的话听着有些高深莫测。

（第十四章 赢了游戏 输了自己）

解析

蛤蟆先生的抑郁源于长期压抑愤怒。他将对父亲的不满、对朋友的失望转化为自我攻击，形成“可怜弱小的我”的心理游戏。例如，当河鼠指责他“总是闯祸”时，他没有反驳，反而陷入更深的自我怀疑：“我是不是真的一无是处？”苍鹭引导他认识到，愤怒是生命力的体现，关键在于如何健康表达。蛤蟆通过“不带攻击性的发火”（如写信拒绝獾的要求），逐渐学会与情绪共处：“我发现愤怒不再是洪水猛兽，而是推动我改变的力量。”这种对情绪的觉察与掌控，使蛤蟆从“情绪的奴隶”转变为“情绪的主人”，这是自信的重要基石。

原文

苍鹭的目光如古井深潭：“‘我好；你也好’的人生坐标并非终点，而是道路本身。它是一个动态的誓言——你每日醒来都需重新选择。”

你觉得自己是好的，也相信别人是好的，那就得靠行为和态度持续地对自己和别人展示出来。

记住：“这个选择不能给你庇护，免于‘残暴命运如投石飞箭般的摧残’。”

蛤蟆的眼泪在打转：“我明白了。这其实是一种发自内心的信念行为……可要维持它太艰难了。”

苍鹭的声音如林间溪流：“正因如此，它才成为终生修行。但请记住——每一次选择信任，都是向命运投射的微光，虽不抵销苦难，却铺成你灵魂的防波堤。”

蛤蟆站起身，长久凝视窗外绿林。这是他第一次感到自己彻底醒来。

（第十六章 道别与新生）

解析

蛤蟆的自信重建不仅依赖自我觉察，更体现在与他人关系的重构中。过去他通过“讨好型人格”维系关系（如为朋友冒险、容忍獾的控制），实则是用虚假的“我不好，你好”坐标掩盖自卑。在咨询后期，他学会在合作中保持自我：面对獾的施压，他选择“用书信而非当面妥协”，既维护了边界，又避免了冲突。他向河鼠坦言：“我需要你的理解，而不是指责。”这种坦诚使关系从“单方面付出”转向“双向支持”。苍鹭强调，自信的终极形态是“情感智力”——在独立与共生之间找到平衡。蛤蟆的变化印证了这一点：他既能保持自我判断，又能与朋友建立健康联结，这正是“我好，你也好”的实践。

《内在自信：如何战胜形形色色的畏惧心理》

原文

自信不是虚张声势的盔甲，而是坦然接纳脆弱的力量。当你承认“我此刻害怕但依然行动”，才是真正自信的诞生——它根植于对自我真实性的绝对忠诚。

（第二章《真实自信的根基》）

解析

作者解构了“自信 = 完美无缺”的谬误。真正自信如大树——枝叶（能力）可被风雨摧折，但根系（自我接纳）深扎大地。坦然展露脆弱（如公开演讲时紧张）反成就“完整人格的磁性”，因唯有真实方能建立深度联结。

原文

完美主义是自信的赝品，它让你跪拜在“永不犯错”的神坛前献祭自我。真正自信者明白：裂痕恰是光照进来的地方——就像宋代工匠故意在瓷器上留“开片”，缺陷成了美的密钥。

（第三章《完美主义的陷阱》）

解析

此段以“瓷器美学”颠覆传统成功学。完美主义实为恐惧的遮羞布（怕被否定而过度自控），而自信如同开片瓷——接纳失误带来的成长纹理（如谈判失误后复盘而非自责），将脆弱转化为独特生命肌理。

原文

不要用别人的尺子丈量自己的人生。自信是把自己当作未完成的艺术品——你可以打磨棱角，但不必为挤进标准展柜刮掉本色。你的价值坐标系必须锚定于心，而非悬于他人唇齿。

（第四章《自我认同》）

解析

主流社会常将“自信”窄化为“符合期待”（如高薪学历）。作者提出“艺术品自信论”：每个人皆是用时间创作的孤品，主动迭代（学习技能）但拒绝篡改内核（如内向者不扮外向）。自信即对本色的虔诚守护。

原文

当自我怀疑的低语响起时，最有力的反击不是辩论，而是用最小行动制造事实——发一封邮件、打一通电话。身体永远比头脑更懂如何建立自信的根据地。

（第五章《行动即信仰》）

解析

此段揭露“自信瘫痪症”根源：过度思考强化恐惧（如预设失败而拖延）。作者提出“肢体先导法则”：用微小行动（如5分钟运动）制造既定事实，打破思维反刍。行动不是自信的结果而是火种，在完成中重塑自我效能感。

原文

每句“我可以试试”都在为自信充能，而“我不行”则是精神断电。语言是灵魂的脚手架——你搭建怎样的措辞，就栖息在怎样的心理穹顶之下。

（第六章《语言即权力》）

解析

神经系统会采信自我描述（如常说“我笨”则脑神经强化愚钝回路）。作者以“语言生态学”视角阐释：积极措辞（将“我害怕”改为“我带着勇气前进”）如给自信安装“认知净水器”，滤出滋养心理的能量活水。

原文

跌倒的价值不在教人“下次小心”，而在证明你曾全力飞跃。真正自信者把失败制成标本：看，这伤口是我的勇气勋章，是我与庸常生活的疆界线！

（第八章《韧性生长》）

解析

此段批判“安全主义”对自信的阉割（因怕输拒绝尝试）。作者以“失败标本学”重构认知：伤疤本质是灵魂的拓疆史（如创业破产比从未创业高贵）。自信的高度恰由坠落深度标定，敢做大梦者自有星空接住。

《做最好的自己》

《做最好的自己》由李开复倾心创作，是一本在个人成长与教育领域具有影响力的书籍。它犹如一座灯塔，为无数人照亮了通往自信与成功的道路。书中核心的“成功同心圆”理论，将成功拆解为价值观、态度与能力三个关键要素，而自信则像一条坚韧的纽带，贯穿其中，将内在的价值观与外在的行动力紧密相连。李开复结合自身从科研精英转型为创业先锋的丰富经历，以及长期与中国青年交流的宝贵经验，深入剖析了自信的本质。他指出，自信绝非盲目乐观或依赖他人认可的表面姿态，而是基于清晰自我认知、坚定价值判断所形成的内在力量。该书不仅阐述了“诚信、勇气、同理心”等核心价值观，还给出诸多如应对失败、管理情绪等实用方法，为渴望提升自信的读者搭建起从理论认知到实践操作的完整体系。从自信角度而言，它为人们提供了一套全面且深入的成长指南，助力大家打破外界束缚，挖掘自身潜藏的自信能量，在人生道路上稳步前行。

原文

不要用别人的标准来衡量自己，真正的自信来自认清自己的优势与不足，并接纳这样的自己。做最好的自己，不是成为完美的人，而是成为最真实的自己。

（第二章 对待自己——做一个自信的人）

解析

李开复颠覆了传统自信观中“完美主义”的陷阱。他认为，自信的起点是清晰的自我认知：了解自己的优势（如擅长的领域、独特的性格）与短板（如不善沟通、缺乏耐心），并坦然接纳这种“不完美”。例如，书中提到一位技术天才因不擅长社交而自卑，但通过专注技术领域并发挥优势，最终获得职业成就与自信。此处的逻辑在于：真正的自信不是消除缺陷，而是将精力集中在可掌控的领域，通过行动积累价值感。

原文

自信不是空想出来的，而是在一次次克服挑战的过程中锻造的。设定目标，然后采取行动——即使失败，每一次尝试都会让你离“最好的自己”更近一步。

（第五章 自信——用自信放飞自我）

解析

李开复将自信与“行动力”直接关联，强调目标导向的实践是培养自信的核心路径。他提出“目标分解法”：将大目标拆解为可执行的小目标，通过完成每个小目标积累信心。例如，书中以一位创业者为例：他最初害怕公开演讲，但通过每天练习3分钟即兴发言，逐步克服恐惧，最终在融资路演中从容应对。这一过程体现了“能力—自信”的正向循环：行动→能力提升→自信增强→更大胆的行动。

原文

如果你总是盯着别人的成功，就会忽略自己的成长轨迹。真正的自信者专注于自己的赛道，他们知道：每个人的生命节奏不同，但终点都是成为更好的自己。

（第二章 坦然面对自己的人生）

解析

作者批判了社会普遍存在的“比较型自信”——通过与他人对比获得短暂优越感，却陷入持续焦虑。例如，书中对比了两类学生：一类因成绩落后于同学而自卑，另一类专注提升自己的学习效率，最终实现个人突破。李开复主张用“纵向成长思维”替代横向比较：自信源于对自我进步的认可，而非对他人的超越。这种视角将焦点从“别人如何”转向“我如何变得更好”。

《了不起的我》

陈海贤的《了不起的我》是一部聚焦“自我发展”的心理学著作，不同于成功学的单向灌输，它以细腻的心理剖析和扎实的实证研究，揭示了“如何在复杂现实中建立稳定自信”的成长逻辑。书中提出的“心理舒适区”“小步子原理”“人生叙事”等核心概念，本质上是自信构建的方法论——自信并非源于空想的“我能行”，而是扎根于对自我局限的清醒认知、对改变的勇敢实践，以及对生命故事的主动重构。

原文

“心理舒适区不是熟悉的环境，而是我们熟悉的应对环境的固有方式。”“改变的本质，其实就是创造新经验，用新经验代替旧经验。”

（第一章 开启行为的改变）

解析

陈海贤突破了“自信＝舒适区扩张”的认知误区，指出自信的核心在于“应对方式的升级”。书中通过“心理免疫X光片”工具揭示，人们之所以在公开场合沉默，是因为潜意识中存在“表达不同意见会引发冲突”的假设。这种假设源于旧经验的防御机制，而自信的建立需要用新行为（如在非重要会议尝试发言）创造新经验，从而打破旧有认知。这与心理学中的自我效能感理论（班杜拉）一致——当个体通过行动积累成功经验，能力感增强，自信自然提升。

原文

防御型心智模式让人困在“我不够好”的焦虑中，而成长型心智模式让人相信“我可以通过努力变得更好”。

（第二章 推动思维的进化）

解析

作者将心智模式分为两类：一是防御型（僵固型、应该思维、绝对化思维）。表现为自我否定与逃避挑战，例如“我不擅长社交，所以永远做不了领导”。二是成长型。以“暂时性”视角看待不足，例如“我现在不擅长，但可以通过学习提升”。书中通过案例对比：一位因害怕失败而拒绝创业的企业家，通过“创造作品而非解决问题”的思维转换（如先推出最小可行性产品），逐步建立对自身能力的信任。这种转变的核心在于：用“可能性思维”替代“确定性焦虑”，将自信锚定于持续成长的可能性而非当下的完美。

原文

在关系中，我们常因过度在意他人评价而失去自我。课题分离的本质是：分清“谁为结果负责”，把别人的课题交还给别人。

（第三章 发展关系中的自我）

解析

陈海贤提出，自信的深层障碍来自关系中的自我混淆。例如，一位职场新人因同事的否定而怀疑自己的能力，书中建议用“课题分离”重新定义：“同事的评价是他的课题，我的课题是专注提升专业能力。”这种边界感帮助个体将精力从“证明自己”转向“自我成长”；通过掌控可控领域（如专业技能）获得对生活的主动权。书中还强调“情感触动”的作用：当父母用“我为你骄傲”替代“你必须成功”时，孩子更容易发展出健康的自信。这揭示自信的根源是被爱滋养的底气，而非对外界认可的依赖。

三、实践延伸

（一）自我审视

（1）你是否清楚自己的核心优势与短板？面对不足时，你是以“成长心态”寻找改进方法，还是陷入“完美主义”的自我否定？

（2）你的自信是否依赖他人认可？当遭遇批评或忽视时，你是否会动摇自我价值？

（3）面对挑战时，是否因害怕失败而拖延（如“等准备完美再发言”）？成功后是否归因于运气，失败后是否归因于能力？

（二）情景设定

你作为大一新生，入学一个月后需进行社团选拔面试。你性格内向，从未在多人面前演讲过，担心因紧张忘词、逻辑混乱或被质疑能力，导致面试失败。

建议阅读：《做最好的自己》，用价值观排序明确汇报的核心目标。可以问自己：“这次面试的核心目的是什么？是展示优秀的自己，还是传递和社团真实需求的匹配度？”

行为实验：模拟实战演练。自己录制视频，独自模拟面试，观察肢体语言（如眼神躲闪、手势僵硬）。面试前2分钟，闭眼站立（双脚与肩同宽，双臂上举），默念“我有能力传递价值”。将面试拆解为“开场—数据—结论”三部分，每部分限时练习3次，逐步缩短间隔。

（三）实践活动

报名参加一场低门槛比赛，无论结果如何，重点完成“完整参与流程”（如上台展示、接受评委点评）。用“观察者视角”记录过程：“当评委指出不足时，你的第一反应是‘丢脸’还是‘原来可以这样改进’？”

主题6

勇 敢

一、内涵解析

勇敢是直面恐惧与风险时，基于价值判断的审慎行动力。它并非无畏，而是在理性认知危险后，仍为正义、责任或信念选择坚持，超越个体舒适与利益，展现心理韧性。

在中国传统文化的语境中，关于“勇敢”的诠释始终与伦理修为和精神觉醒紧密相连。儒家以“义”为根基重构了勇的本质：孔子在《论语·宪问》中提出“仁者必有勇”，将勇德纳入“仁”的体系，强调真正的勇气需以道义为准则，而非逞凶斗狠的“匹夫之勇”。孟子进一步以“虽千万人吾往矣”的宣言，赋予勇气以对抗群体盲从的精神内核——当个体良知与世俗观念冲突时，敢于孤身守护真理方为“大勇”。道家则从辩证视角解构传统勇猛观，老子在《道德经》第七十三章警示“勇于敢则杀，勇于不敢则活”，揭示鲁莽进取反招祸患，而看似怯懦的退守实为顺应天道的智慧。这种“不争之勇”在禅宗思想中升华为心灵的破执之力，六祖慧能以“本来无一物”的顿悟，展现直面本心、斩断妄念的终极勇气：世人畏惧的并非外物，而是对自我幻象的执着。

西方对勇气的探讨始于古希腊的德性伦理。柏拉图将勇敢定义为“一种保持”，即保持对于“可怕事物”和“不可怕事物”的正确信念。勇敢之人并非感受不到恐惧，而是在恐惧面前，能够坚守理性与正确认知，不为情感所左右，从而做出符合道德与正义的抉择。亚里士多德在《尼各马可伦理学》中将勇敢定义为“恐惧与鲁莽的中道”，他认为，勇敢是在恐惧与自信之间寻求精妙平衡的艺术，过度恐惧沦为怯懦，过度自信则走向鲁莽，唯有在两者之间找到恰当的尺度，才能称之为真正的勇敢。这种以公共利益为导向的勇气观，在基督教传统中转向对神圣信仰的献身。奥古斯丁将殉道者的勇气诠释为“超越世俗恐惧的神性之爱”，圣女贞德面对火刑仍高呼信仰的身影，成为以肉身苦难印证精神不朽的象征。至20世纪存在主义兴起，加缪在《西西弗的神话》中重塑了现代人的勇气范式：当意识到世界本质荒诞时，人类仍能以“明知不可为而为之”的姿态持续推石上山。这种“反抗式勇敢”不再依赖神谕或荣耀，而是通过自我选择赋予存在以尊严。

当代心理学颠覆了传统勇气叙事，将其从宏大史诗拉回凡尘日常。布琳·布朗在《无所畏惧》中指出，现代社会最稀缺的恰是“直面脆弱的情绪勇气”——当个体卸下完美面具，坦然展露焦虑与不安，并在共情中与他人建立联结时，这种看似柔软的接纳反而需要更深刻的勇敢。认知行为学派则为勇气注入科学理性，如心理学家肯德尔所言：“勇敢不是无所畏惧，而是评估风险后的行动抉择。”社交焦虑者主动演讲、抑郁症患者坚持就诊等行为，皆是通过认知重构将恐惧转化为可控挑战的现代勇者写照。至此，勇气的疆域已从战场与圣坛，延伸至每个人与自我和解的微观战场。

二、经典导读

《老人与海》

《老人与海》是美国作家欧内斯特·海明威出版于1952年的作品，并于1954年获诺贝尔文学奖，是20世纪经典中篇小说，被誉为“硬汉文学”的典范。他以简洁而震撼人心的笔触，讲述了一位古巴老渔夫圣地亚哥的传奇经历。在连续84天出海一无所获后，圣地亚哥并未被失败与挫折击垮，毅然决然地再次驶向远海。功夫不负有心人，他终于钓到了一条巨大无比的马林鱼。然而，这条鱼实在太大，力量惊人，它拖着圣地亚哥的小船在茫茫大海上漂泊了整整三天三夜。在这漫长而艰辛的过程中，老人与大鱼展开了一场惊心动魄的意志力较量。他凭借着顽强的毅力和对捕鱼事业的执着热爱，最终成功将大鱼制服。但在归程中，厄运再次降临，成群的鲨鱼被血腥味吸引而来，疯狂地抢夺老人的战利品。面对凶猛残暴的鲨鱼，圣地亚哥毫不退缩，手持简陋的武器，与鲨鱼展开了殊死搏斗。尽管最终老人带回的只是一副巨大的鱼骨，但他在与自然、与命运的顽强抗争中所展现出的勇敢精神，却成了永恒的经典。

原文（吴劳译本）

他如今只梦见非洲海滩上的狮子……它们像小猫一样在暮色中嬉戏，他爱它们如同爱这男孩。他从不再梦见风暴，也不梦见女人或重要事件。如今他只看那些在暮色中奔跑的狮子，像那男孩一样爱着它们。

（第一章《连续八十四天》）

解析

连续84天捕鱼失败后，老人将梦境从激烈象征（风暴/女人）转向宁静狮群，展现勇气的精神锚定术。狮子作为少年力量的图腾，是他在物质困顿与世俗嘲笑中守护希望的火种。真正的勇敢始于对温柔意象的忠诚——它赋予老人在绝境中每日出海的原始动力，比怒吼的暴风更坚韧。

原文（吴劳译本）

鱼啊，我要陪着你，直到我死去……凭我的力量是办不到的，但我还是试了试。鱼啊，你正在杀死我。但我们公平相搏。我从没见过比你更伟大、更美丽、更沉着、更高尚的对手。来吧，来杀死我吧。我不在乎谁杀死谁。

（第四章《第一次较量》）

解析

与大鱼僵持两天两夜后，老人将其视为平等的生命对手而非猎物。宣言中“公平相搏”“高尚对手”突破狩猎伦理，揭示勇敢的悖论：搏杀中的共情是最高级的勇气。他承认彼此互为死神，却以骑士精神升华对抗——当胜负超越生存维度成为尊严之战，勇气便升华为对生命本体的宗教式礼赞。

原文（吴劳译本）

疼痛对一条汉子来说不算什么……他感到钓索勒进背脊的剧痛，便故意让身体顺着钓线倾侧，用海水浸泡伤口。盐能治愈所有创伤，他想。我的血液也会凝结的。

（第八章《伤痛与盐》）

解析

钓索深嵌背脊渗血时，老人发明“咸水疗法”：主动以海水浸润伤口。海明威用“盐—血”化学意象隐喻勇者的痛苦哲学——肉体痛楚被转化为锻造精神的燃料

（“疼痛不算什么”）。勇敢不是无痛耐受，而是将苦难蒸馏为灵魂烈酒：老人对疼痛的戏谑掌控（故意倾侧身体），如同铁匠精准掌控淬火温度。

原文（吴劳译本）

来吧，加拉诺鲨……带着你旗子上那该死的大黑斑点来吧。但人不是为失败而生的。一个人可以被毁灭，但不能被打败……我多希望不必再搏斗了，他想。我真希望不必再搏斗了。

（第十一章《鲨群的第一次袭击》）

解析

面对成群鲨鱼撕咬马林鱼，老人明知必败仍绑刀死战。“黑旗”喻指海盗的死亡宣告，而“毁灭≠打败”成为勇者宣言——肉体可消亡，但守护尊严的意志永立。这是人类向无常命运发起的悲壮反攻。

原文（吴劳译本）

他驶进小港时，露台酒吧的灯全熄了……他爬上岸，回头看见那鱼的尾巴在船艄后高高竖起，月光下只剩十八英尺长的白骨，像一条白练漂在港口……“它打败我了，”老人轻声说，“真的打败了。”

（第十三章《归航与残骸》）

解析

拖回巨大鱼骨后坦然承认失败，展现勇气的最高形态——对荒诞的清醒接纳。老人不粉饰结局（如幻想众人欢呼），而是凝视赤裸真相：奋斗终成空。这份直面虚无的平静，是存在主义式的终极勇敢：当人类认清宇宙无意义却仍赋予过程尊严，灵魂便获得彻底的自由。鱼骨如十字架，标记凡人对宿命的悲壮抵抗。

原文（吴劳译本）

男孩看见老人滴血的手掌，突然哭起来：“它吃了你多少鱼啊？”“我的大鱼被鲨鱼吃了四分之一，而且是净好的肉。”“让我去弄点沙丁鱼给你明天用吧？我们得弄把好刀，明天再出海！”老人正熟睡着。他脸朝下躺着，男孩坐在他身边，守着他。老人正梦见狮子。

（第十四章（终章）《沉睡的狮子》）

解析

男孩的眼泪与“明天再出海”的誓言，将老人个体孤勇转化为代际火种接力。最终定格画面：老人滴血的手（战斗痕迹）与梦境狮子（精神图腾）形成闭环——勇敢者的真正胜利不在当下战绩，而在激活后来者的生命斗志。狮子从第一章梦中的海滩奔跑至终章熟睡时的脑海，昭示勇气如同潮汐，在毁灭与重生间永恒轮回。

《水浒传》

《水浒传》是中国古典四大名著之一，由元末明初作家施耐庵创作，是中国历史上第一部用白话文写成的章回体长篇小说。全书共 120 回，以“官逼民反”为主线，刻画了宋江、林冲、武松等鲜活人物群像，既讴歌反抗精神，又揭示封建体制下忠义难全的困境。其语言生动市井化，情节跌宕如链式结构，被誉为中国白话文学里程碑，对后世戏曲、评书及侠义文化影响深远。其以宏大的叙事结构和丰富多样的人物形象，生动地描绘了一幅北宋末年农民起义的波澜壮阔画卷。书中一百零八将，个个性格鲜明，他们因不同的缘由被逼上梁山。书中的“勇敢”不仅是个人武力的彰显，更是对不公命运的抗争与对道义的坚守，呈现多层次的勇者精神。同时，梁山好汉用“聚义”精神将个人勇武升华为对抗体制压迫的群体性抗争。招安后征方腊的惨烈结局中，好汉们明知是死局仍奋力厮杀，如武松断臂、鲁智深坐化，其悲壮选择叩问“忠义”与“自我实现”的冲突，赋予勇气以复杂的历史厚重感。

原文

鲁达再入一步，踏住胸脯，提着那醋钵儿大小拳头，看着这郑屠道：“洒家始投老种经略相公，做到关西五路廉访使，也不枉了叫做‘镇关西。’你是个卖肉的操刀屠户，狗一般的人，也叫做‘镇关西！’你如何强骗了金翠莲?”扑的只一拳，正打在鼻子上，打得鲜血迸流，鼻子歪在半边，却便似开了个油酱铺，咸的、酸的、辣的，一发都滚出来。郑屠挣不起来，那把尖刀，也丢在一边，口里只叫打得好。鲁达骂道：“直娘贼，还敢应口。”提起拳头来，就眼眶际眉梢只一拳，打得眼棱缝裂，乌珠迸出，也似开了个彩帛铺的，红的、黑的、绛的，都绽将出来。两边看的人，惧怕鲁提辖，谁敢向前来劝。郑屠当不过，讨饶。鲁达喝道：“咄！你是个破落户，若是和俺硬到底，洒家倒饶了你；你如何对俺讨饶，洒家偏不饶你。”又只一拳，太阳上正着，却似做了一个全堂水陆的道场，磬儿、钹儿、铙儿一齐响。

（第三回 史大郎夜走华阴县 鲁提辖拳打镇关西）

解析

鲁智深听闻金翠莲父女被郑屠欺压，当即怒发冲冠，展现出疾恶如仇的侠义之勇。他先以智谋化解金氏父女困境，随后直面恶霸毫不退缩。三拳打死镇关西的细节描写极具画面感，层层递进的暴力美学中蕴含着对弱者的深切同情。这种勇气源于天然的正义感，有别于江湖械斗的莽撞，展现了“路见不平一声吼”的豪杰本色，为全书定下侠义基调。

原文

林冲把桌子只一脚，踢在一边，抢起身来，衣襟底下掣出一把明晃晃刀来，搦的火杂杂。吴用便把手将髭须一摸，晁盖、刘唐便上亭子来，虚拦住王伦叫道：“不要火并！”吴用一手扯住林冲，便道：“头领不可造次！”公孙胜假意劝道：“休为我等坏了大义。”阮小二便去帮住杜迁，阮小五便帮住宋万，阮小七帮住朱贵，吓得小喽啰们目瞪口呆。

林冲拿住王伦骂道：“你是一个村野穷儒，亏了杜迁得到这里。柴大官人这等资助你，赒给盘缠，与你相交；举荐我来，尚且许多推却。今日众豪杰特来相聚，又要发付他下山去。这梁山泊便是你的！你这嫉贤妒能的贼，不杀了，要你何用！你也无大量大才，也做不得山寨之主！”

（第十九回 林冲水寨大并火 晁盖梁山小夺泊）

解析

林冲面对王伦的嫉贤妒能，他“眉剔眼竖”的神态变化暗示内心激荡，最终“寒光一闪”的刀光终结了数年屈辱。这种勇气是理性判断与情感宣泄的结合：既源于对梁山前途的考量，又包含个人尊严的觉醒。雪夜上梁山时的犹疑与此刻的果决形成强烈对比，标志着林冲从体制内军官到江湖豪杰的彻底蜕变，推动了梁山聚义的实质性发展。

原文

武松见那大虫复翻身回来，双手轮起梢棒，尽平生气力，只一棒，从半空劈将下来。只听得一声响，簌簌地将那树连枝带叶劈脸打将下来。定睛看时，一棒劈不着大虫。原来慌了，正打在枯树上，把那条梢棒折做两截，只拿得一半在手里。那大虫咆哮，性发起来，翻身又只一扑，扑将来。武松又只一跳，却退了十步远。那大虫却好把两只前爪搭在武松面前。武松将半截棒丢在一边，两只手就势把大虫顶花皮肐𦙶地揪住，一按按将下来。

（第二十三回 横海郡柴进留宾 景阳冈武松打虎）

解析

武松并非天生神勇——他喝酒壮胆、梢棒折断后仓促肉搏，甚至打死老虎后“手脚都酥软了”。“武松打虎”是书中的经典片段之一，这段描写赋予勇气人性化的真实感，强调勇敢并非超人特质，而是人在绝境中的潜能激发。

原文

又见十字路口茶坊楼上一个虎形黑大汉，脱得赤条条的，两只手握两把板斧，大吼一声，却似半天起个霹雳，从半空中跳将下来。手起斧落，早砍翻了两个行刑的刽子，便望监斩官马前砍将来。众土兵急待把枪去搠时，那里拦挡得住，众人且簇拥蔡九知府逃命去了。

只见东边那伙弄蛇的丐者，身边都掣出尖刀，看着土兵便杀；西边那伙使枪棒的，大发喊声，只顾乱杀将来，一派杀倒土兵狱卒；南边那伙挑担的脚夫，抡起匾担，横七竖八，都打翻了土兵和那看的人；北边那伙客人，都跳下车来，推过车子，拦住了人。两个客商钻将入来，一个背了宋江，一个背了戴宗；其余的人，也有取出弓箭来射的，也有取出石子来打的，也有取出标枪来标的。原来扮客商的这伙，便是晁盖、花荣、黄信、吕方、郭盛；那伙扮使枪棒的，便是燕顺、刘唐、杜迁、宋万；扮挑担的，便是朱贵、王矮虎、郑天寿、石勇；那伙扮丐者的，便是阮小二、阮小五、阮小七、白胜——这一行梁山泊共是十七个头领到来，带领小喽啰一百余人，四下里杀将起来。

只见那人丛里那个黑大汉，轮两把板斧，一味地砍将来，晁盖等却不认得，只见他第一个出力，杀人最多。晁盖猛省起来：戴宗曾说一个“黑旋风”李逵，和宋三郎最好，是个莽撞之人。晁盖便叫道：“前面那好汉，莫不是‘黑旋风’？”那汉那里肯应，火杂杂地轮着大斧，只顾砍人。

（第四十回 梁山泊好汉劫法场 白龙庙英雄小聚义）

解析

李逵的“黑旋风”之勇是嗜血本能的极致释放，赤身双斧的暴力美学消解了传统侠义逻辑。梁山众人伪装突袭展现组织化反抗之勇——丐帮亮刃、脚夫挥担、客商结阵，将市井身份转化为战斗形态。李逵的莽撞蛮勇与晁盖的战术指挥形成张力，既彰显个体野性生命力的破坏性，又凸显集体抗争的精密性，共同构成封建压迫下“官逼民反”的悲怆史诗。

《平凡的世界》

《平凡的世界》是路遥历时六年创作的百万字长篇巨著，全景式展现1975—1985年中国城乡社会变革。以陕北农村孙少安、孙少平兄弟为核心，刻画平凡人在时代洪流中抗争贫困、追求尊严与理想的史诗。其质朴的现实主义风格、深刻的人文关怀影响深远，入选“新中国70年70部长篇小说典藏”，并于1991年获茅盾文学奖。

作为长子的孙少安，他13岁辍学扛起全家生计，在集体化时代冒险改革生产队，改革开放后创办砖厂屡败屡战。他忍痛割舍与田润叶的阶级鸿沟，选择与秀莲共同扎根土地，致富后仍出资建校、接济乡邻。砖窑坍塌时跪地捡砖的沉默，深夜算账时煤油灯熏黑的鼻孔，都凝结着农民对苦难最朴素的抗争。

孙少平则以血肉之躯开辟精神的疆域，带着《钢铁是怎样炼成的》闯出农村，他在工地背石、矿井挖煤的生存重压下，用油灯下的读书声守护灵魂自由。冒死救工友、与田晓霞跨越阶级相恋，即便爱人牺牲仍背负伤痕前行。矿井深处，他用矿灯照亮黑暗，以“苦难哲学”将痛楚淬炼成崇高——这是底层青年用尊严对抗命运的姿态。

田晓霞拒绝被身份定义，以记者身份深入洪水前线，为救人献出生命；润叶反抗包办婚姻未果，却在丈夫残疾后以责任完成自我救赎；兰香穿着补丁衣服考入大学，用公式与定理击碎“农村女孩”的宿命预言；贺秀莲用癌症之躯撑起家庭，这种勇敢虽不轰轰烈烈，却在压抑中绽放出柔韧的力量。

路遥笔下的勇敢始终带有悲怆底色：少安的砖厂屡遭挫折，少平的爱人葬身洪水，润叶的爱情化为泡影。但正是这种不完美的抗争，让勇气显得真实可触。当少平在矿井中用身体丈量生命的重量，当少安在新建的校舍前落泪，当兰香在实验室攻克难题时，平凡世界的勇者们用伤疤编织出生命的壮美。这种勇敢不属于个人英雄主义，而是千千万万普通人在时代浪潮中的共同肖像——他们或许改变不了潮水的方向，却始终以尊严的姿态站立。正如书中那句“活着不只是为了活着”，真正的勇敢，是在看清生活残酷本质后，依然选择热烈而庄重地活着。

原文

双水村第一生产队的正副队长孙少安和田福高，却没把大队党支部的决定当一回事，吵闹着要在一队搞生产责任组了！本来他们去年就要搞，后来被上级领导压制了。现在既然上面说能搞。大队党支部怎么可能再压住呢？

哈呀，孙少安这小子公然不服从大队党支部的决定，简直无法无天了！

（第二部第五章）

解析

孙少安顶住“无法无天”的政治压力，二次推动生产责任组改革，展现了基层改革者“春草破土”般的韧性之勇。他无视僵化体制的压制，将农民生存诉求置于官僚指令之上，这种“僭越”实则是小人物对时代先声的敏锐捕捉。去年尝试被镇压后仍再度抗争，凸显其勇气的清醒特质——非盲目对抗，而是基于土地产量核算的理性判断。

原文

可是，到外面去闯荡世界的想法，还是一直不能从他心灵中勾销。随着他在双水村的苦闷不断加深，他的这种愿望却越来越强烈了。他内心为此而炽热地燃烧，有时激动得象打摆子似的颤抖。他意识到，要走就得赶快走！要不，他就可能丧失时机和勇气，那个梦想就将永远成为梦想。现在正当年轻气盛，他为什么不去实现他的梦想呢？哪怕他闯荡一回，碰得头破血流再回到双水村来，他也可以对自己的人生聊以自慰了；如果再过几年，迫不得已成了家，那他的手脚就会永远被束缚在这个“高加索山”了！

经过不断的内心斗争，孙少平已经下决心离开双水村，到外面去闯荡世界。有人会觉得，这后生似乎过于轻率和荒唐；农村的生活已经开始变得这样有希望，他们家的事业也正在发端之际，而且看来前景辉煌，他为什么要去不属于自己的世界自寻生路？那个陌生的天地会给他带来多少好处？这恐怕只有天知道！

（第二部第十一章）

解析

高中毕业的孙少平拒绝重复父辈“面朝黄土背朝天”的命运，带着破铺盖卷独闯黄原城。他以揽工汉身份在建筑工地栖身，白天忍受脊背被石头磨出血的剧痛，夜晚蜷缩在蚊虫肆虐的破窑洞坚持读书。这种勇气超越了肉体苦难的承受，更在于打破地理和精神双重边界的执着开拓。

原文

不过，细想过来，每个人的生活同样也是一个世界。即使最平凡的人，也得要为他那个世界的存在而战斗。从这个意义上说，在这些平凡的世界里，也没有一天是平静的。

（第二部第三十三章）

解析

路遥将“勇敢”解构为平凡生命的日常性抗争——每个个体都在为守护自己的“世界”而战斗：对抗贫困、偏见、命运的无常。这种勇敢无须惊天动地，而是孙少安建校舍时的一砖一瓦，孙少平矿井下擦亮矿灯的瞬间，是无数个“不平静”日子里对尊严与希望的无声坚守，最终让平凡迸发出史诗性的光芒。

原文

她几乎什么也没想就跳进水中，身边只传来公安局副局长发出的一声惊叫。晓霞在学校时游泳不错，但那是在游泳池里。

她在洪水中很快觉得她失去了控制自己的力量。不过，她在漂浮物中抓住一块木板，勉强推到那个小女孩手边。当她看见那女孩抓住木板的时候，一个浪峰便向她头上盖下来。

在最后一瞬间，她眼前只闪过孙少平的身影，并伸出一只手，似乎抓住她亲爱的人的手，接着就在洪水中消失了……

（第三部第三十一章）

解析

田晓霞的纵身一跃，是理想主义者的诗性勇气。这个出身干部家庭的“新女性”，始终以“超越世俗”的姿态践行人道主义信仰。路遥以“未想即跳”凸显勇气的非功利性——非莽撞冲动，而是道德自觉的必然选择。最后伸向孙少平的虚幻牵手，将私人情爱与人类大爱熔铸，赋予平凡世界存在主义式的英雄光芒。

《杀死一只知更鸟》

《杀死一只知更鸟》是美国女作家哈珀·李1960年出版的经典小说，1961年获普利策奖。小说以20世纪30年代美国南方种族歧视严重的梅科姆镇为背景，通过小女孩斯库特的视角，讲述了父亲阿蒂克斯·芬奇为黑人汤姆·鲁滨逊辩护的故事。汤姆被诬告强奸白人女性马耶拉·尤厄尔，尽管证据明显不足，但根深蒂固的种族偏见让审判成为一场注定失败的抗争。阿蒂克斯明知胜诉无望，仍坚持捍卫真相，面对全镇白人的敌视、威胁甚至暴力，他始终以冷静与尊严践行正义。这一行为不仅是对司法公正的坚守，更是对“何为真正勇敢”的深刻诠释。

斯库特的成长线则揭示了另一种勇气：她与哥哥杰姆从惧怕邻居“怪人”拉德利（传言中阴郁孤僻的神秘人），到逐渐理解其善良本质的过程，象征着打破偏见所需的勇气。阿蒂克斯说“杀死一只知更鸟是罪过”［“知更鸟”隐喻无辜者（汤姆与拉德利）］，而守护他们需要双重勇气——既要有对抗外部压迫的坚定，也要有直面内心偏见的自觉。最终，斯库特牵着拉德利的手送他回家的场景，完成了从恐惧到共情的勇气升华。

原文（李育超译本）

“你永远也不可能真正了解一个人，除非你站在他的角度考虑问题……”“是这样吗?”“……除非你钻进他的皮肤里，像他一样走来走去。”

（第三章）

解析

斯库特因同学沃尔特·坎宁安的贫困感到困惑时，阿蒂克斯教导她换位思考。这句话是全书“认知勇气”的基石。它要求人放下傲慢与定见，以谦卑姿态进入他人世界。这种勇气看似温和，实则是打破偏见链条的前提——正如阿蒂克斯在法庭上试图让白人陪审团“穿上汤姆的鞋子”。

原文（李育超译本）

儿子，我告诉过你，假如你那次没有失去理智闯了祸，我也会让你去给她念书。我想让你从她身上学到一些东西——我想让你见识一下什么是真正的勇敢，而不是错误地认为一个人手里拿把枪就是勇敢。勇敢就是，在你还没开始的时候就知道自已注定会输，但依然义无反顾地去做，并且不管发生什么都坚持到底。一个人很少能赢，但也总会有赢的时候。杜博斯太太赢了，全凭她那九十八磅重的身躯。用她的话来说，她死得无牵无挂，不亏欠任何人，也不依赖任何东西。她是我见过的最勇敢的人。

（第十一章）

解析

杜博斯太太是一位吗啡成瘾的老太太，在临终前决心戒除毒瘾“干干净净离开人世”。尽管她曾辱骂芬奇一家，阿蒂克斯仍要求杰姆为她朗读，并以此重塑“勇敢”本质：非暴力威慑，而是直面必败结局的孤勇。病躯对抗吗啡瘾，以清醒意志完成“向死而生”的尊严之战。她“无牵无挂”的死亡，标志着对生命自主权的终极掌控，将勇气升华为超越胜负的精神涅槃。

原文（李育超译本）

我们的法庭也有缺陷，任何社会机构都不例外，但是，在这个国家里，我们的法庭是伟大的平等主义者。在我们的法庭里，人人生而平等。我不是一个理想主义者，我并不坚信我们的法庭和我们的陪审制度完美无缺、公正无私——它们对我来说，不是理想，而是活生生的工作状态。先生们，法庭不会比坐在我面前的任何一位陪审团成员更公正。法庭只能和它的陪审团一样完善，而陪审团只能和它的每一位成员一样完善。我对诸位先生充满信心，相信你们会用理性的眼光重新审查你们听到的证词，做出一个裁决，让被告和家人团聚。以上帝的名义，尽你们的职责吧。

（第二十章）

解析

在结案陈词中阿蒂克斯直面司法缺陷，仍以理性叩击种族偏见的高墙，展现“清醒者的孤勇”。他明知陪审团受世俗蛊惑，却坚持用“人人生而平等”的理想唤醒个体良知，将法庭化为对抗偏见的战场。这种勇气不是天真地信仰制度完美，而是明知黑暗仍高举火把的殉道精神。

原文（李育超译本）

“快跑，斯库特！快跑！快跑！”杰姆高声尖叫。我刚迈出一大步，就打了个趔趄，因为我的胳膊一点儿也用不上，在黑暗中简直没法保持平衡。

“杰姆，杰姆，帮帮我，杰姆！”有什么东西在撞击和挤压我周身的铁丝网，金属和金属互相撕扯，我一下子摔倒在地，尽力让自己向远处滚去，一边滚一边拼命挣扎，想摆脱这个铁丝牢笼。从不远处的什么地方传来了搏斗声、踢打声，还有鞋子和肉体在泥土和树根上摩擦的声音。有人滚过来撞在我身上，我伸手一摸，是杰姆。他翻身跃起，就像闪电一样快，顺带把我也从地上拽了起来。可是，尽管我的头和肩膀已经挣脱出来了，身子却还卡在里面，所以我们跑不了太远。快到路边的时候，我感觉杰姆的手突然松开了，像是被人猛地往后一拽，倒在了地上。又是一阵扭打，随着咔嚓一声闷响，杰姆惨叫了一声。

（第二十八章）

解析

杰姆以断臂为代价守护斯库特，将孩童的纯真勇气推向极致。黑暗中“拽起妹妹”的本能反应，超越了理性权衡，展现血缘之勇的原始力量。真正的勇敢不是无敌的强悍，而是脆弱者（13岁少年）在绝境中迸发的生命韧性。杰姆的负伤完成了从“模仿父亲”到“践行勇敢”的成人礼。

《追风筝的人》

《追风筝的人》是卡勒德·胡赛尼的处女作，以20世纪70年代至21世纪初的阿富汗与美国为背景，讲述了主人公阿米尔从童年到中年的救赎之路，作者凭借这部作品获得了2006年的联合国人道主义奖。小说以“追风筝”为隐喻，交织战争创伤、移民身份焦虑与人性救赎主题，揭示个人罪责与历史洪流的复杂纠葛。其细腻的心理描写、对阿富汗文化的深情呈现引发全球共鸣，被誉为“重塑西方对阿富汗认知的文学里程碑”。

富家少爷阿米尔与仆人哈桑情同兄弟，但两人在阶级与种族（哈桑是哈扎拉人）差异下暗藏裂痕。在一场风筝比赛中，哈桑为守护阿米尔赢得的风筝，被恶霸阿塞夫欺负，而躲在角落目睹一切的阿米尔因懦弱选择沉默。最后，他因为内疚以及嫉妒父亲对哈桑的关爱而诬陷哈桑偷窃，导致哈桑父子离开。这一背叛成为阿米尔一生的道德枷锁。

苏联入侵阿富汗后，阿米尔随父亲逃往美国，但童年的阴影始终萦绕。多年后，阿米尔得知哈桑实为自己同父异母的兄弟，并且在战乱中为守护其旧宅被塔利班杀害，其子索拉博落入阿塞夫手中沦为孪童。在父亲好友拉辛汗“那里有再次成为好人的路”的召唤下，他重返战火中的喀布尔，冒着生命危险从阿塞夫手中救出索拉博。最终，阿米尔通过收养索拉博完成自我救赎，并以“为你，千千万万遍”的誓言回应哈桑昔日的忠诚，从而揭示出“勇敢”的复杂本质——它不仅是面对外敌的胆量，更是直面内心阴影、承担人性重负的精神觉醒。

原文（李继宏译本）

我梦想有一天真主能指引我们过上好日子，梦想我的儿子能成为一个好人，一个自由的人，一个重要的人。我梦想鲜花重新绽放在喀布尔的大街小巷，酒馆茶楼响起动听的音乐，风筝再次飞上蓝天。我梦想有一天您能回到喀布尔，回到小时候我们一起玩的地方，若您回来，您会发现您忠诚的朋友在此等候，愿真主永远与你同在。

（第十六章）

解析

这是哈桑写给阿米尔信中的一段话，他至死未揭露阿米尔的背叛，反而在信中表达对友谊的怀念。这种以德报怨的胸怀，是超越个人伤痛的终极勇敢。

原文（李继宏译本）

又一根肋骨断裂，这次在左边胸下。好笑的是，自1975年冬天以来，我第一次感到心安理得。我大笑，因为我知道，在我大脑深处某个隐蔽的角落，我甚至一直在期待这样的事情。我记得那天，在山上，我用石榴扔哈桑，试图激怒他。他只是站在那儿，一动不动，红色的果汁染在他衬衣上，跟鲜血一样。然后他从我手里拿过一个石榴，在自己额头上磨碎。“现在你满意了吗?”他凄然说，“你觉得好受一些了吗?”我从不曾觉得高兴，从不曾觉得好受一些，根本就没有过。但我现在感觉到了。我体无完肤——我当时并不清楚有多糟糕，后来才知道——但心病已愈。终于痊愈了，我大笑。

（第二十二章）

解析

为了救出索拉博，阿米尔承受阿塞夫的暴虐拳击，完成了“以肉身痛苦抵偿精神罪责”的自我审判。这场近乎自杀的冒险，标志着他从逃避者变为承担者。

原文（李继宏译本）

我追。一个成年人在一群尖叫的孩子中奔跑。但我不在乎。我追，风拂过我的脸庞，我唇上挂着一个像潘杰希尔峡谷那样大大的微笑。我追。

（第二十五章）

解析

索拉博因创伤封闭自我，阿米尔以哈桑曾对他的忠诚对待索拉博。小说结尾，他为索拉博追逐风筝时喊出“为你，千千万万遍”，复现了哈桑当年的誓言。这一场景象征勇气的代际传承——曾经的怯懦者通过模仿勇者的行动，让爱在破碎中重生。

《第二性》

法国思想家西蒙娜·德·波伏娃的《第二性》（1949）是20世纪最具革命性的性别批判著作，被誉为“女性主义的圣经”。全书分为两卷：第一卷《事实与神话》从生物学、精神分析及历史维度解构“女性本质论”，戳破“永恒女性”的浪漫化谎言；第二卷《实际体验》则通过女性从童年到衰老的生命历程，展现她们如何在婚姻、母职、职业等场域中被系统性剥夺主体性。

波伏娃颠覆性提出“女人不是天生的，而是被造就的”，揭露父权制通过文化规训将女性塑造为依附男性的“他者”。她以“内在性”与“超越性”为分析框架：前者指女性被困于家务、生育等重复性生存，后者强调通过创造性劳动实现自我价值。她呼吁女性戳破“主妇神话”的温柔陷阱，拒绝将家庭视为终极归宿，并警惕以“女强人”姿态复制男性霸权逻辑。真正的解放需重构价值体系——在职业与艺术中开辟自主路径，建立平等亲密关系，以经济独立挣脱依附性身份。但个体觉醒必须与集体行动共振：法律平权（如选举权、堕胎合法化）仅是起点，深层文化规训（如美貌崇拜、母职捆绑）仍需通过罢工、舆论抗争与制度变革瓦解。波伏娃强调，自由既不是对男性特权的模仿，也非沉溺受害者叙事，而是在认知结构性压迫后，以创造性实践重写生存脚本。

《第二性》的勇气哲学为所有“他者化”群体提供反抗范式：自由不是被赐予的，而是在荆棘中开辟存在之路的永恒抗争。当女性拒绝“剩女”羞辱、争取公共育儿支持时，她们仍在续写波伏娃笔下的“超越性”篇章。

原文（郑克鲁译本）

女人是由男人决定的，除此之外，她什么也不是；因此，人们把女人称为“le sexe”（法文，有女性、性、性器官、性欲等意），意思是说，在男性看来，女性本质上是有性别的、生殖的人，对男性而言，女人是sexe，因此，女人绝对如此。女人相较男人而言，而不是男人相较女人而言确定下来并且区别开来；女人面对本质是非本质。男人是主体，是绝对，而女人是他者。

（序卷《命运》第一章《生物学依据》）

解析

女性必须首先意识到自己如何被建构为“他者”。波伏娃用哲学语言拆解性别权力结构，指出男性将自身设为“主体”，而女性被降格为“客体”。她暗示女性需要争夺“主体”地位，而非甘于“他者”角色。这是勇气的认知起点。

原文（郑克鲁译本）

女人不是天生的，而是后天形成的。任何生理的、心理的、经济的命运都界定不了女人在社会内部具有的形象，是整个文明设计出这种介于男性和被去势者之间的、被称为女性的中介产物。

（第一卷《事实与神话》的第二部《历史》的第三章《历史唯物主义观点》）

解析

波伏娃在此揭露女性是被文明规训的“中介产物”，勇敢在于觉醒后反抗这种建构：拒绝接受社会将女性贬为“非男性”的次等存在，挣脱“柔弱”“依附”的枷锁。当女性意识到所谓“命运”皆是文化谎言时，便需以行动夺回定义权——通过教育、职业与创造，在男性书写的世界中撕开裂缝，将“被造就”的命运逆转为“自我造就”的自由宣言。

原文（郑克鲁译本）

作为生产者和主动的人，她便重新获得超越性，她在自己的计划中具体地确认为主体；她通过与她追求的目的、她获得的金钱和权利的关系，感受到自己的责任。

（第二卷《实际体验》的第四部《走向解放》的第二十章《独立的女性》）

解析

波伏娃在此揭示“勇敢”的本质是女性以生产者身份夺回主体性：投身公共领域打破“内在性”枷锁，需直面社会对“女性应被动依附”的规训。当她在职场争取权利、用劳动赢得经济独立时，不仅对抗外部偏见，更在责任中重塑自我认知——这种将“生存”转化为“创造”的实践，是对“他者”命运最彻底的反叛。

原文（郑克鲁译本）

那些部分解放的妇女，只需继续向上发展；她们已获得的成功激励她们前行。几乎可以确定的是，她们迟早会在经济和社会地位上与男性实现完全平等——而这一平等，必将引发文明根基的内在巨变。

（第二卷《实际体验》的第三部《正当的主张与迈向解放》的第二十二章《处境》）

解析

部分解放的女性以成功为阶梯，在男性主导的体系中不断攀爬。她们不仅需要勇气打破第一层天花板，更需在每次突破后继续挑战更高壁垒——这种“向上的惯性”本身便是对性别结构的消解。当经济平等逐渐实现，更深层的文化偏见（如母职惩罚、职场歧视）将浮出水面，此时“勇敢”是持续突破的韧性，需要以觉醒推动“内部的巨变”，将个体成功转化为集体解放的燃料。

三、实践延伸

（一）自我审视

（1）回忆一次你因恐惧（被嘲笑、失败、失去归属感）而沉默的时刻。

（2）你选择沉默的真正目的，是为了“避免冲突”，还是“维护自我形象”？沉默背后的深层恐惧是什么？

（3）若回到当时沉默的时刻，你会如何行动？

（二）情境设定

在公开场合中，你因害怕被嘲笑而从来不敢发表自己的意见。

建议阅读：《活出生命的意义》，思考如何将其中的“态度选择”转化为行动。

行为实验：记录一周内三次“微小勇敢时刻”，如主动道歉、提出疑问，观察自我认知变化。

（三）实践活动

与同学一起组织在校园进行5分钟“无主题即兴演讲”的快闪活动，内容自定（可结合社会议题/个人困惑）。坦然接受路人的即时反馈（掌声、沉默、质疑）。若演讲中断，事后记录中断原因并设计“补丁方案”。

主题7

独立

一、内涵解析

“独立”一词涵盖多维度含义：基本层面指自主存在、不依附他者，既包括国家主权独立（如“民族独立”），也指个体自主能力（如“独立生活”）。哲学与社会科学中强调事物在联系中保持自身特质（如“司法独立”），辩证统一其自主性与关联性。自然科学领域则具化为统计学中互不影响的事件（“独立事件”），或实验中可调控的变量（“独立变量”）。文化语境中常象征突破传统或权威，亦标志个体成熟（如“经济独立”）。其内涵因语境而异，东方文化更注重个体与集体的平衡，西方则倾向强调个体自由。

中国传统文化中的“独立”观念是一种根植于天人关系、道德实践与精神超越的复合型价值体系。它既包含儒家“和而不同”的伦理坚守，道家“独与天地往来”的超脱境界，又融合佛家“明心见性”的觉悟智慧，形成了独具东方特质的独立哲学。儒家将“独立”视为士人实现“内圣外王”理想的核心素养。《周易·大过卦》以“独立不惧，遁世无闷”形容君子超越世俗的精神境界，这种思想在孔子“三军可夺帅也，匹夫不可夺志也”（《论语·子罕》）的宣言中被具体化为道德主体性。孟子提出“大丈夫”人格：“居天下之广居，立天下之正位，行天下之大道”（《孟子·滕文公下》），强调在权势与贫贱中保持独立判断。《礼记·中庸》以“中立而不倚”诠释君子之道，宋代朱熹注解为“不偏不倚，无过不及”，这种独立并非孤立，而是在人伦网络中的价值坚守。王阳明心学将独立性推向极致：“夫学贵得之于心，求之于心而非也，虽其言之出于孔子，不敢以为是也。”（《传习录》）主张打破权威崇拜，实现良知自觉。明清之际黄宗羲在《明夷待访录》中批判君主专制，提出“天下为主，君为客”，将独立精神延伸至政治批判维度。道家从宇宙本体论层面解构世俗价值观，开创了另一种独立范式。老子提出“人法地，地法天，天法道，道法自然”（《道德经》第二十五章），将独立升华为对自然之道的顺应。庄子在《逍遥游》中塑造了“举世誉之而不加劝，举世非之而不加沮”的宋荣子形象，揭示真正的独立在于破除“待”（依赖）：列子御风仍“犹有所待”，唯有“乘天地之正，而御六气之辩”方能实现绝对自由。郭象注解《庄子》提出“独化”理论“物各自生而无所待焉”，认为万物皆自本自根，为个体独立性提供形而上学的依据。阮籍《大人先生传》中“超世而绝群，遗俗而独往”的隐士形象，陶渊明“不为五斗米折腰”的抉择，皆展现道家独立观对士人精神世界的塑造。道家的独立智慧更体现于辩证思维：《淮南子》提出“圣人内修道术而不外饰仁义”，看似消极避世，实则以“无为”实现“无不为”的深层自主。佛教东传后，其“缘起性空”思想与本土文化碰撞，衍生出独特的禅宗独立观。慧能《六祖坛经》强调“菩提自性，本来清净”，将独立性归于本心觉悟。马祖道一“平常心是道”的命题，将独立从宗教修行扩展至日常生活。王维“行到水穷处，坐看云起时”的禅意，苏轼“庐山烟雨浙江潮”的悟道诗，展现文人士大夫通过禅学实现的精神超越。中国传统文化中的“独立”始终处于“天人”“群己”“出入”的辩证关系中。它既非西方式的个体对抗群体，也不是简单的离群索居，而是在宇宙秩序、道德规范与心灵自由之间寻找动态平衡。这种独立观塑造了士人“达则兼济天下，穷则独善其身”的弹性人格，孕育了“和而不同”的包容智慧，也为现代人处理个体化困境提供了东方启示：真正的独立不在于外在形式的特立独行，而在于内心对“道”的持守与觉悟。

西方文明对“独立”的诠释以理性自觉与个体权利为根基，贯穿于哲学、政治与伦理领域。苏格拉底在雅典广场的诘问中，将“独立”定义为对真理的执着追寻，其“未经省察的人生不值得过”的宣言（《申辩篇》），奠定了哲学作为“爱智之学”的独立品格。亚里士多德在《尼各马可伦理学》中提出“自足”概念，认为真正的独立是理性主导下的德性完满，“幸福在于灵魂合乎德性的实现活动”，既需脱离物质依赖，又强调人在政治共同体中的价值实现。康德的批判哲学将独立推向认识论高度，其“要有勇气运用你自己的理智”（《什么是启蒙》）的呼吁，确立理性为最高裁判所。这些思想直接催化了1776年美国《独立宣言》与1789年法国《人权宣言》，杰斐逊笔下“不可剥夺”与罗伯斯庇尔强调的“思想自由神圣不可侵犯”，标志着独立从哲学概念转化为制度实践。

心理学将“独立”解构为自我分化与自主性的发展过程。埃里克森在《童年与社会》中提出人格发展的八阶段理论，指出青春期“同一性对角色混乱”阶段是独立意识形成的关键期，成功过渡者将获得“忠诚”美德。认知学派班杜拉的“自我效能感”理论揭示，独立行为能力源于对自身控制力的信念建构。发展心理学研究证实，安全型依恋个体在成年后更易实现情感独立，这与鲍尔比依恋理论中“内部工作模型”的形塑机制密切相关。积极心理学奠基人塞利格曼在《真实的幸福》中指出，习得性无助的突破需要建立“解释风格”的认知独立。神经心理学研究发现，前额叶皮层的执行功能发展与自主决策能力呈正相关，而杏仁核的情绪调节机制影响情感独立水平。皮亚杰的认知发展理论则证明，儿童通过“去自我中心化”实现思维独立，这种从具体运算到形式运算的跃迁，为理性独立奠定神经基础。

二、经典导读

《庄子》

《庄子》的作者是战国时期的哲学家庄周（公元前369年—公元前286年），世称“庄子”，道家学派代表人物，与老子并称“老庄”。其生平事迹主要见于《史记·老子韩非列传》，司马迁称其“著书十余万言，大抵率寓言也”，其思想以“自然无为”为核心，主张“齐物我”“泯是非”“逍遥游”。今本《庄子》共33篇，分内篇（7）、外篇（15）、杂篇（11）。内篇（如《逍遥游》《齐物论》等）公认为庄子亲撰，思想体系严密，语言瑰丽奇崛。外篇与杂篇（如《秋水》《天下》等）多数学者认为出自庄子后学之手，部分内容可能掺杂秦汉道家思想。庄子通过“庖丁解牛”（技艺自由）、“濠梁之辩”（认知独立）等寓言，塑造了中国文化中“独与天地精神往来”的独立人格原型。其思想对阮籍、苏轼、李贽等历代文人的精神突围产生深远影响，至今仍是东方哲学对抗工具理性的重要思想资源。

原文

故夫知效一官，行比一乡，德合一君，而征一国者，其自视也，亦若此矣。而宋荣子犹然笑之。且举世誉之而不加劝，举世非之而不加沮，定乎内外之分，辩乎荣辱之境，斯已矣。彼其于世，未数数然也。虽然，犹有未树也。夫列子御风而行，泠然善也，旬有五日而后反。彼于致福者，未数数然也。此虽免乎行，犹有所待者也。若夫乘天地之正，而御六气之辩，以游无穷者，彼且恶乎待哉！故曰：至人无己，神人无功，圣人无名。

（《内篇·逍遥游》）

译文

那些才智胜任一官之职、品行合乎一乡标准、道德迎合君主需求而取信一国的人，他们看待自己就像斥鴳（小鸟）自满于腾跃蓬蒿之间。宋荣子（战国思想家）尚且嗤笑这类人——他能做到全社会赞美时不更奋进，全社会非议时不更沮丧，明辨内在自我与外在他者的界限，分清荣辱的实质，这已难能可贵，但他仍未达到至高境界。列子（郑国哲人）驾风飞行，轻妙飘然，十五日往返，不汲汲于求福。这虽免于步行之累，仍需依赖风力。至于顺应天地自然法则，驾驭阴阳风雨晦明六气的变化，遨游于无边际的永恒之境，这样的人还需要依赖什么呢？所以说：至人消解自我执念，神人不求功业，圣人不慕虚名。

解析

庄子以**“列子御风”**隐喻**有所待**（依赖外力），而以**“乘天地之正”**指向**无待**（绝对自由）。前者受限于时空与物质条件，后者通过遵循自然法则（“正”）与把握变化规律（“辩”），实现与宇宙节律的完全同步，达到真正的逍遥。**“乘天地之正”**强调对自然秩序的顺应（道家“法天”思想），**“御六气之辩”**则体现对现象界变化的驾驭（动态平衡的智慧）。二者结合，既非被动服从，也非蛮横征服，而是**“以天合天”**的创造性参与。

这段文字是庄子哲学的总纲，将逍遥游从寓言式的想象升华为形而上的生命境界，为后世中国文人提供了对抗世俗价值的精神范式。其“无待”思想对禅宗“不立文字”、王阳明“心外无物”等理论有深刻启发。

原文

非彼无我，非我无所取。是亦近矣，而不知其所为使。若有真宰，而特不得其眹。

（《内篇·齐物论》）

译文

没有外在的对立就没有“我”，没有“我”则无法显现对立。这道理看似浅近，却不知是谁在主宰。仿佛有“真宰”存在，却寻不到它的踪迹。

解析

庄子通过解构“我”与“彼”的二元对立，指出独立并非与他人割裂，而是破除主观成见，回归“真宰”（自然之道）。唯有超越是非、物我的分别心，才能从精神牢笼中独立，与万物共鸣却不受其扰。

原文

庖丁为文惠君解牛……提刀而立，为之四顾，为之踌躇满志，善刀而藏之。

（《内篇·养生主》）

译文

庖丁替文惠君宰牛……解牛完毕提刀而立，环顾四周，悠然自得，将刀擦拭收起。

解析

庖丁解牛的“游刃有余”象征一种技艺与精神的独立：通过洞察规律（“依乎天理”），摆脱技术束缚，在专注中达到“以神遇而不以目视”的境界。这种独立是内在修为的外化，展现人与物和谐共生的自由状态。

原文

井蛙不可以语于海者，拘于虚也；夏虫不可以语于冰者，笃于时也；曲士不可以语于道者，束于教也。

（《外篇·秋水》）

译文

井底之蛙不可与之谈论大海，因其受限于空间；夏虫不可与之谈论冰雪，因其受困于时间；偏执之士不可与之论道，因其被教条束缚。

解析

庄子以井蛙、夏虫喻指被时空与成见禁锢的“不独立者”，反衬真正的独立需突破认知局限（“虚、时、教”）。唯有打破固有框架，以开放之心接纳无限可能，方能如“大海”“冰雪”般独立于狭隘之外。

原文

古之真人，不逆寡，不雄成，不谟士……凄然似秋，暖然似春，喜怒通四时，与物有宜而莫知其极。

（《内篇·大宗师》）

译文

古时的真人，不违逆弱势，不自恃成功，不算计他人……心境如秋日肃穆，又如春日和煦，喜怒与四季相通，随物变化而无迹可寻。

解析

“真人”是庄子理想中的独立人格：既不迎合世俗标准（“不逆寡，不雄成”），也不刻意标新立异，而是如四季般自然流转，与万物共适。这种独立是“与天为徒”的圆融，在顺应中保持内在的恒定与超然。

《传习录》

《传习录》是明代思想家王阳明（1472—1529 年）的哲学代表作，由其弟子徐爱、钱德洪等人辑录其语录、书信编纂而成，系统阐述了“心即理”“知行合一”“致良知”三大核心思想，标志着心学体系的成熟。全书分上、中、下三卷：上卷以师生对话形式阐明“心外无物”的本体论，主张真理不在经典教条中，而存于本心直觉；中卷通过书信回应学界质疑，深化“致良知”的实践路径；下卷聚焦晚年思想，提出“万物一体”的伦理观。

《传习录》是 16 世纪中国思想史上一场静默的革命。当程朱理学将“天理”奉为不容置疑的绝对准则时，王阳明以“心学”为剑，劈开了依附性思维的千年冻土，让独立精神如春泉般喷涌。这部对话录并非简单的哲学思辨，而是一部关于如何在精神奴役中破茧的实践指南。程朱理学将“理”客观化为外在于人的道德律令，要求个体通过“格物致知”向外求索真理。王阳明则以“心即理”三字完成颠覆：“理岂外于吾心邪？”（《答顾东桥书》）这一命题直指依附性思维的死穴——当人们将真理的裁决权交给圣人经典时，实则是将灵魂典当给了权威。王阳明并非否定学习，而是主张以“我心”为终极判官：“夫学贵得之心，求之于心而非也，虽其言之出于孔子，不敢以为是也。”（《答罗整庵少宰书》）这种对内在判断力的绝对信任，比康德“启蒙即敢于运用自己的理性”早两个世纪，且更具实践锋芒。在《传习录》中，王阳明反复强调“事上磨炼”的重要性。针对弟子“静坐悟道却遇事慌乱”的困惑，他尖锐地指出：“人须在事上磨，方立得住。”这看似平淡的教诲，实则是独立精神的淬火术——真正的自主性必须在复杂现实中锻造。

原文

爱问："至善只求诸心，恐于天下事理有不能尽。"先生曰："心即理也。天下又有心外之事、心外之理乎？"

（《徐爱录》）

译文

徐爱问："若至善只在心中求，恐怕无法穷尽天下事理。"王阳明答："心就是理。天下哪有心之外的事、心之外的理呢？"

解析

王阳明以"**心即理**"的哲学爆破，为独立精神奠定了本体论根基。在程朱理学垄断真理解释权的明代，这一命题不啻一场思想起义：它将判断真理的权柄从圣贤经典与礼教规范中夺回，交还每个觉醒的个体。当徐爱质疑"**只求诸心**"可能遗漏事理时，王阳明以斩钉截铁的否定撕破了依附性思维的枷锁——"**天下又有心外之事、心外之理乎？**"这一诘问直指程朱理学将"天理"客观化的认知霸权。王阳明并非否定客观世界的存在，而是强调认知主体的绝对主权：真正的"理"不在四书注疏中，不在圣贤语录里，而在"如好好色、如恶恶臭"的直觉判断中。他打破"理在物先"的权威崇拜，将判断权彻底交还个体。

原文

弟子问："静时亦觉意思好，才遇事，便不同。如何？"先生曰："是徒知静养，而不用克己工夫也。如此，临事便要倾倒。人须在事上磨，方立得住，方能静亦定、动亦定。"

（《陆澄录》）

译文

陆澄问："静修时心境清明，遇事却慌乱，为何？"王阳明答："这是只知静养未下克己功夫。如此遇事必败。人须在事上磨炼，才能站稳，静时能定，动时也能定。"

解析

这段对话粉碎了传统儒家对"静态独立"的幻想。当陆澄抱怨"**静时明，遇事乱**"时，王阳明犀利地指出其症结在于"**徒知静养**"——这种书斋式的修养犹如温室花朵，经不起现实风雨。他提出的“**人须在事上磨**，方立得住”，将独立定义为动态的生存能力。所谓“磨”，不是被动适应规则，而是在具体情境中激活良知判断力：“簿书讼狱之间，无非实学。若离了事物为学，却是着空。”（《传习录·陈九川录》）

原文

侃去花间草，因曰：“天地间何善难培，恶难去？”先生曰：“未培未去耳。”少间曰：“此等看善恶，皆从躯壳起念，便会错。”

（《薛侃录》）

译文

薛侃除草时问：“为何善难培养，恶难去除？”王阳明答：“因你不曾真正培善去恶。”稍后又说：“你这般看待善恶，仍是肉体起念，谬矣。”

解析

这场关于除草的对话，实为价值独立性的祛魅启蒙。薛侃的提问暴露了世俗道德观的深层悖论：人们将善恶简化为标签化的行为准则（如除草是“勤”，留草是“惰”），却忽视了良知的主体判断。王阳明的批评**“从躯壳起念”，**直指独立判断的敌人——将道德简化为肢体动作的机械教条主义。他启示薛侃：真正的善恶判断必须超越社会规训，回归“心体之仁”的当下呈现。除草与否没有绝对答案，关键在行为是否发乎“万物一体之仁”：若为花园整洁而除，是善；若为彰显勤勉而除，则已成恶。这种思想解构了传统善恶二元论，赋予独立判断以现象学式的悬置能力。

原文

夫学贵得之心。求之于心而非也，虽其言之出于孔子，不敢以为是也。

（《卷中·答罗整庵少宰书》）

译文

学问贵在自心得之。若心中认为不对，即便是孔子之言，也不敢苟同。

解析

此段出自阳明致罗钦顺（整庵）的书信，直指思想独立的精髓：拒绝盲从权威，以本心为终极判准。王阳明的“独立”包含批判性思维，强调个体在真理面前的平等与自主。

原文

大人者，以天地万物为一体者也。其视天下犹一家，中国犹一人焉。

（《卷中·答顾东桥书》）

译文

圣人与天地万物为一体，视天下如一家，视中国如一人。

解析

此段出自王阳明回复顾东桥的书信，“万物一体”看似消弭独立性，实则升华独立境界：圣人的独立非孤立，而是破除“小我”局限后，与天地共鸣的更高自由。这种独立兼容博爱，在共融中成就“大我”。

《查拉图斯特拉如是说》

《查拉图斯特拉如是说》是德国哲学家尼采最具诗意的哲学著作，以波斯先知查拉图斯特拉下山传道的寓言形式，系统阐述了“超人哲学”与“权力意志”思想。全书核心在于解构传统道德与宗教对个体的束缚，呼吁人在精神觉醒中实现绝对独立。

尼采借“上帝已死”的惊世宣言，否定基督教伦理与集体价值观对人的驯化，提出“精神三变”的进化路径：人需从“骆驼”（被动承受传统重负）蜕变为“狮子”（以“我要”的意志否定旧价值），最终成为“孩童”（以天真与创造力建立新价值）。查拉图斯特拉强调，真正的独立并非对世俗的简单反抗，而是在虚无中自我立法——如“超人”般超越善恶、挣脱群体认同，以“权力意志”将生命转化为一场自我肯定的永恒轮回。

书中以诗性箴言与隐喻（如“深渊凝视”“末人批判”）构建哲学体系，既批判庸众对安全的迷恋，也警惕隐士对孤独的沉溺。其“独立”观具有双重张力：一方面，人必须像“走钢丝者”般在传统与自由间保持危险平衡；另一方面，独立的价值不在于对抗本身，而在于创造——正如查拉图斯特拉所言：“人是一条污浊的河流，必须成为大海，才能纳污而不自污。”

原文（钱春绮译本）

我要向你们指出精神的三种变形：精神怎样变为骆驼，骆驼怎样变为狮子，最后狮子怎样变成孩子……骆驼，负重的精神，向自己的沙漠奔去：在那里，这孤独的精神变成狮子，它要夺取自由，在沙漠中做自己的主人。最后，狮子为了创造新价值，还需要取得孩子的力量。

（序言第 3 节 精神的三种变形）

解析

“骆驼—狮子—孩子”的变形隐喻独立者的觉醒之路。“骆驼”象征对传统道德（宗教、世俗规范）的被动承受，而“狮子”的怒吼“我要”标志独立意识的爆发——否定一切外在权威，夺取“沙漠”（精神自由）的主权。但否定仅是独立的第一步，“孩子”阶段才是真正的超越：以天真遗忘旧枷锁，以创造力建立新价值。尼采强调，独立绝非对群体的简单反抗（狮子的破坏性），而是如“孩子”般以游戏姿态创造新法则。

原文（钱春绮译本）

你们要避开这些说教者！他们是一切生命的诽谤者，是自我凋谢的、中毒的苍蝇……他们教你们舍弃肉体与大地，但我要对你们说：你们的肉体与大地，乃是你们的创造意志的根基！独立者必须像大树扎根泥土，即使树冠伸向高空。

（第一部第 9 章 死亡的说教者）

解析

尼采批判宗教与世俗道德对生命本能的压抑（“舍弃肉体与大地”），主张独立者需忠于身体与尘世体验。他以“大树”比喻独立者的生存逻辑：根系深扎泥土（本能与欲望），树冠伸向高空（精神超越）。这种“上下合一”的独立观，反对将灵肉割裂的二元论，强调真正的自由源于对生命本能的肯定。

原文（钱春绮译本）

许多人死得太迟，有些人又死得太早。“在适当的时候死去！”——查拉图斯特拉这样教导……你们当成为自己死亡的创造者！让你们的死成为对生命的自由肯定，像成熟的果实从枝头坠落——这就是自由者的死亡。

（第一部第 21 章 自由的死亡）

解析

尼采将“死亡”纳入独立范畴，主张人应自主选择死亡时机与方式，而非被社会常规（如医疗延命、养老制度）绑架。他以“成熟的果实”隐喻独立者的圆满：当个体价值实现后，主动终结生命（如苏格拉底饮鸩），而非苟且于无意义的生存。这种激进观点挑战了现代人对长寿的执念——若生命沦为对他人期待的迎合，则长寿即奴役。独立者的死亡应如艺术作品般精心设计，成为对自由意志的终极宣誓。

原文（钱春绮译本）

人类同树完全一样。他愈是升向高处和亮处，他的根就愈要固执地伸向大地，向下，进入黑暗的深处，进入罪恶之中。——我们岂会畏惧你们所谓的地下世界？

人类最强大的力量，正深藏在其根须触及的黑暗之中。如树从幽暗中汲饮力量，才能将枝叶伸向星辰。你们这些追求光明的哲人啊，若不敢正视黑暗的深渊，便永远无法真正拥抱太阳！

你们可曾见证：凡欲超越自身者，必先深刻理解大地？人若想抵达超人境界，须如橡树般忠贞——它的傲岸不在离地的高度，而在深入地狱的执着。

听着：我教你们认识超人！超人是大地的意义：他向下扎根的深度，决定了他精神升华的高度。切莫轻信那些逃离尘世的圣者！他们的灵魂因恐惧黑暗而枯槁，他们的光明不过是逃亡的磷火。

（第一部《前言》第 4 节）

解析

尼采的树喻揭示：真正独立是向下的忠诚与向上的超越。它要求人如树般扎根生命暗土——直面本能欲望、原生伤痕等“黑暗”，将其转化为力量源泉。独立者需像树一样，在“向上生长”与“向下扎根”的张力中保持平衡。

原文（钱春绮译本）

我劝你们不要工作，而要战斗！不要和平，而要战争！……你们说：好的事业甚至使战争神圣化？我告诉你们：好的战争才使任何事业神圣！

真正的战士不仇恨敌人，而敬重其勇气！你们若不能做圣徒，至少先做战士——战士是圣徒的预备阶段。

你们应在千面镜子中认识自己：但镜子常被旧尘覆盖，须用拳头击碎它！谁若想创造，必先毁灭……今日你们眼中神圣的准则，曾是前人的利剑劈开的价值顽石。

别问“为何战斗”，而要问“为谁立法”！……真正的战士以思想为剑：他刺穿旧道德的盔甲，将碎片丢在背后，永远朝新海岸航行。

（第一部第10章《论战争与战士》）

解析

尼采的战士宣言首先剥去“独立”的温情面纱——当世人沉溺于工作的秩序奴役与和平的虚假安眠时（“不要工作，而要战斗！不要和平，而要战争！”），他宣告真正的独立始于对既有生存模式的叛乱。所谓“好的战争”（思想革命）恰是独立精神的成人礼：正如圣女贞德以信仰之矛刺穿百年战争的浓雾，唯有主动宣战者才能撕碎社会强加的心理契约。

当战士“敬重敌人勇气”而非沉溺仇恨，独立便升华为对抗中的超越性伦理——如苏格拉底饮鸩前向雅典城邦行礼，在死亡的刀锋上完成对世俗的精神俯瞰。这要求独立者破除千万重社会镜像（“千面镜子”）的封印：家庭期待、职业标签、道德教条皆是覆盖旧尘的哈哈镜，需以思想的铁拳击碎（“用拳头击碎它！”），让飞溅的玻璃碴成为照亮本体的星芒。

最终，“为谁立法”的诘问将独立推向高潮——当旧道德盔甲被刺穿（“以思想为剑”），碎片的坠落声中升起自我立宪的曙光。战士不纠结战役的损益（“别问为何战斗”），而是化身手持罗盘的哥伦布，“永远朝新海岸航行”的本质是在价值废墟中自建经纬坐标：就像伏尔泰将宗教枷锁碎片熔铸为启蒙运动的梁柱，真正的独立者永不靠岸，因为每次破浪都延伸着自由的海域。

《论自由》

约翰·密尔于1859年发表的这部自由主义经典，系统论证了个人自由与社会权力的边界。全书以“伤害原则”为核心，主张社会干预个体的唯一正当理由在于防止其伤害他人，捍卫思想言论自由、个性发展自由及生活方式选择权。密尔批判多数人暴政与习俗专制，强调异见对真理探索的不可或缺性，提出“思想市场”理论，认为自由辩论是文明进步的基石。书中对个性价值的推崇（“一个人若因他人不悦而放弃自我，是对人类的掠夺”）及对政府家长式干预的警告，奠定了现代公民权利的理论框架，至今仍是讨论自由与责任、个体独立与社会约束关系的标杆性文本。《论自由》将“独立”从政治权利升华为文明尺度，其核心命题——“任何人的行为，只有涉及他人的那部分才须对社会负责”——已成为现代法治的黄金准则。在基因编辑、人工智能等新技术重塑人类本质的今天，密尔的理论框架仍为界定“数字时代的独立”提供哲学基点。这部著作不仅是自由主义的圣经，更是每个追求精神独立者的灵魂地图，它提醒我们：真正的独立，既需要抵御外部强权的勇气，更需要战胜内心恐惧的智慧。

原文（许宝骙译本）

一个人只要保有一些说得过去的常识和经验，他自己规划其存在的方式总是最好的，不是因为这方式本身算最好，而是因为这是他自己的方式。人不像羊一样；就是羊，也不是只只一样而无从辨别的。一个人不能得到一件合身的外衣或一双可脚的靴子，除非量了他的尺寸来定做，或除非有满满一堆的货品来供他挑选：难道说要给他一个合适的生活比给他一件合适的外衣还容易些，或者说，人类彼此之间在整个物质的和精神的构造上的相同比在脚形上的相同会多些吗？

……

人性不是一架机器，不能按照一个模型铸造出来，又开动它毫厘不爽地去做替它规定好了的工作；它毋宁像一棵树，需要生长并且从各方面发展起来，需要按照那使它成为活东西的内在力量的趋向生长和发展起来。

……

人们或许会要求，至少那些还不想泯灭自己本性的人，应当有自由去发展他们的个性，依照任何他们自己的方式。只要他人有正当权利去反对的那些行为上不妨碍他人，这种个性就有权利去伸张自己。而凡是允许个性存在的地方，那里就会有不同数量的怪癖，正如不同意见的存在一样；只要怪癖没有逾越公正的旁观者所能容忍的限度，就应当被允许。

（第三章《论个性为人类福祉的因素之一》）

解析

第一段位于第三章前半部，密尔在此建立个性自由的形而上学基础。密尔通过**“外衣”**与**“靴子”**的日常比喻，将独立选择提升为自然法则。他指出，人类在物质和精神构造上的差异性远超生理特征（如**脚形**），因此标准化生活的强制要求本质上违背人性。否定功利主义“最大幸福”的量化逻辑，主张个体独特性本身就是价值。提出“经验个性化”原则：即使是“愚蠢”的选择，只要源于自主意志，也比被动接受的“正确”更有教育意义。

第二段位于第三章中部，是密尔批判社会标准化机制的理论高峰。密尔用**“树”** VS **“机器”**的二元隐喻，彻底颠覆启蒙理性主义的机械人性观。他将人性定义为有机的生命力，其价值不在于执行预设程序，而在于不可预测的自我生长。密尔承认理性对文明的贡献，但警惕其异化为新压迫工具（如工业化对个性的绞杀），独立不是静态的“拥有”，而是持续对抗规训的生长过程。

第三段位于第三章结尾，标志着密尔从理论批判转向制度建构。密尔提出“**公正旁观者**”原则，在绝对自由与集体秩序间划定边界。他承认独立可能产生“**怪癖**”，但强调社会容忍非常规行为的程度决定其文明高度。社会仅有权干预直接损害他人的行为（如暴力、欺诈），而非主观上“错误”的选择。“旁观者容忍限度”隐含公共理性的协商空间，避免自由沦为无政府主义。

原文（许宝骙译本）

迫使一个意见不能发表的特殊罪恶，在于它是对整个人类的掠夺……假如那意见是对的，那么他们是被剥夺了以错误换真理的机会；假如那意见是错的，那么他们是失掉了一个差不多同样大的利益，那就是从真理与错误冲突中产生出来的对于真理的更加清楚的认识和更加生动的印象。

（第二章《论思想言论自由》）

解析

密尔在此构建思想独立的第一公理——压制异见即对人类文明的抢劫，无论其正误：若真理被噤声（如哥白尼日心说遭封杀），人类便永困蒙昧；若谬论被消灭（如地心说消亡），真理亦丧失淬炼锋芒的燧石。真正的独立精神恰似思想火药库，需容留所有言论引信，方能在碰撞中引爆认知革命。

原文（许宝骙译本）

凡性格力量丰足的时候和地方，怪癖性也就丰足；一个社会中怪癖性的数量一般总是和那个社会中所含天才异秉、精神力量和道德勇气的数量成正比的……凡压毁怪癖性的，终不免连累天才与独创精神。

（第三章《论个性为人类福祉的因素之一》）

解析

此段揭示独立人格的生态法则——社会对“怪癖”的容忍度直接决定其文明高度。密尔将怪癖性视为天才的共生体，当习俗试图剪除所有非常规枝杈（如维多利亚时代道德审查），实则阉割了整片人类精神的雨林。

原文（许宝骙译本）

有天才的人乃是而且大概永是很小的少数；但是为了要有他们，却必须保持能让他们生长的土壤。天才只能在自由的空气里自由地呼吸……假如他们因怯懦而同意被纳入平庸模型，社会便失去他们可能带来的震撼性启示。

（第三章《论个性为人类福祉的因素之一》）

解析

密尔赋予天才“独立豁免权”——因其承载文明跃迁的使命，社会必须提供免于平庸化的庇护所。正如乔布斯在车库打破“手机必须带键盘”的教条，特斯拉在实验室对抗“交流电危险”的污名化，天才的独立本质是替人类试错的前哨探险。压制一个怪才的代价，可能是截断整条未来之路（如凡·高生前仅卖出一幅画的悲剧）。

原文（许宝骙译本）

社会暴政比许多种类的政治压迫还可怕……它透入生活细节更深，奴役到灵魂本身。社会不靠法律刑罚，仅凭日常闲话、冷眼排斥等温和手段，便足以将人压垮——它不禁止你呼吸，却让你每一次呼吸都充满屈辱。

（第四章《论社会权力之于个人的限度》）

解析

此段预言现代性最恐怖的独立杀手——社会暴政。它不靠牢狱铁窗，而借“主流价值观”实施精神凌迟，实则是温柔版的思想改造营。真正的独立者必须在每一次“呼吸屈辱”中，将压迫感锻造成灵魂防波堤的钢筋。

《野草》

《野草》创作于1924—1926年的北京，彼时新文化运动退潮，旧道德体系崩解而新秩序未立。在这价值真空的“铁屋”里，鲁迅以23篇散文诗构筑起中国现代文学最锋利的独立宣言。不同于《呐喊》的社会批判，《野草》直指人类存在的终极困境——当所有意义都被解构后，个体如何独立于虚无而自存。《过客》中的旅人，不断前行，拒绝停留，象征着独立于世俗的追求；《这样的战士》中的战士面对无物之阵，坚持举起投枪，体现了对虚伪社会价值的独立反抗；《影的告别》中影子选择自我消亡，拒绝依附，表现了对精神独立的渴望。

原文

①要有这样的一种战士——

②已不是蒙昧如非洲土人而背着雪亮的毛瑟枪的；也并不疲惫如中国绿营兵而却佩着盒子炮。他毫无乞灵于牛皮和废铁的甲胄；他只有自己，但拿着蛮人所用的，脱手一掷的投枪。

③他走进无物之阵，所遇见的都对他一式点头。他知道这点头就是敌人的武器，是杀人不见血的武器，许多战士都在此灭亡，正如炮弹一般，使猛士无所用其力。

④那些头上有各种旗帜，绣出各样好名称：慈善家，学者，文士，长者，青年，雅人，君子……头下有各样外套，绣出各式好花样：学问，道德，国粹，民意，逻辑，公义，东方文明……

⑤但他举起了投枪。

⑥他们都同声立了誓来讲说，他们的心都在胸膛的中央，和别的偏心的人类两样。他们都在胸前放着护心镜，就为自己也深信心在胸膛中央的事作证。

⑦但他举起了投枪。

⑧他微笑，偏侧一掷，却正中了他们的心窝。

⑨一切都颓然倒地；——然而只有一件外套，其中无物。无物之物已经脱走，得了胜利，因为他这时成了戕害慈善家等类的罪人。

⑩但他举起了投枪。

⑪他在无物之阵中大踏步走，再见一式的点头，各种的旗帜，各样的外套……

⑫但他举起了投枪。

⑬他终于在无物之阵中老衰，寿终。他终于不是战士，但无物之物则是胜者。

⑭在这样的境地里，谁也不闻战叫：太平。

⑮太平……

⑯但他举起了投枪！

（《这样的战士》）

解析

第一部分（①~②）：战士形象塑造。描述战士的装备，强调他拒绝现成的武器和甲胄，选择原始投枪，象征着对既有体系的独立。战士选择“**蛮人的投枪**”而非现代枪械，暗喻真正的独立需要未被体制工具异化的原始判断力，实质是剥离一切制度化的暴力工具，将反抗回归到最本真的身体行动。这种选择揭示：真正的独立不依赖任何现成的思想武器（**甲胄**隐喻意识形态保护）；“**蛮人**”在此非贬义，而是未被文明规训的原始判断力，构成独立精神的内核。

第二部分（③~④）：无物之阵解析。这段文本以“**无物之阵**”作隐喻，揭示了独立精神在现代社会遭遇的终极困境：当压迫不再以刀剑显形，而是转化为符号化的集体共谋时，个体如何保持认知自主。表面上友善的集体认同（**一式点头**），实则是消解独立思想的糖衣炮弹。鲁迅戳破了“共识即进步”的幻觉——当所有人都对异见者“礼貌性点头”，实质是以伪宽容稀释批判锋芒。这种精神麻醉比暴力镇压更致命，它让反抗者陷入“无物可战”的虚无，最终自我瓦解。鲁迅列举的“**慈善家**”“**道德**”“**东方文明**”等符号，构成一张密不透风的意义之网。这些被神圣化的概念，实则是权力精心编织的认知牢笼。在如此语境下，“举投枪”的实质是对语言系统的决裂。战士拒绝进入既定的意义坐标系（不辩论“道德”的定义，不承认“国粹”的权威），而是以原始行动解构符号霸权。这种“不合作的沉默”构成更深层的独立——它不寻求在旧体系内获胜，而是通过跳出符号游戏规则来确证主体性。

第三部分（⑤~⑯）：循环反抗过程。战士的遭遇实为“启蒙者命运”的隐喻：觉醒（**举枪**）→受挫（**外套无物**）→循环（**再入战阵**）→失败（**老衰**）→重生（**再举枪**）。文中5次反复出现“**但他举起了投枪**”，这不仅是行动上的坚持，更是精神上的独立宣言。即使敌人是虚无的，战士依然选择反抗，这体现了独立精神在绝望中的坚持。最后，战士在无物之阵中老衰，但依然举起投枪，说明独立不是结果，而是持续的过程。

鲁迅的战士最终未能建立新世界，却在永恒的投枪中完成了对独立最悲壮的诠释：独立不是启蒙者的专利，而是每个个体在荒诞境遇中的生存必需；独立不承诺救赎，但它本身已成为救赎——当我们举起投枪，便已在虚无中刻下存在的痕迹。在这个意义上，《这样的战士》不仅属于1925年的中国，更属于所有在“后真相时代”坚守判断力的人们。

原文

人睡到不知道时候的时候，就会有影来告别，说出那些话——

有我所不乐意的在天堂里，我不愿去；有我所不乐意的在地狱里，我不愿去；

有我所不乐意的在你们将来的黄金世界里，我不愿去。

然而你就是我所不乐意的。

朋友，我不想跟随你了，我不愿住。

我不愿意！

呜呼呜呼，我不愿意，我不如彷徨于无地。

我不过一个影，要别你而沉没在黑暗里了。然而黑暗又会吞并我，然而光明又会使我消失。

然而我不愿彷徨于明暗之间，我不如在黑暗里沉没。

然而我终于彷徨于明暗之间，我不知道是黄昏还是黎明。我姑且举灰黑的手装作喝干一杯酒，我将在不知道时候的时候独自远行。

呜呼呜呼，倘若黄昏，黑夜自然会来沉没我，否则我要被白天消失，如果现是黎明。

朋友，时候近了。

我将向黑暗里彷徨于无地。

你还想我的赠品。我能献你甚么呢？无已，则仍是黑暗和虚空而已。

但是，我愿意只是黑暗，或者会消失于你的白天；我愿意只是虚空，决不占你的心地。

我愿意这样，朋友——

我独自远行，不但没有你，并且再没有别的影在黑暗里。只有我被黑暗沉没，那世界全属于我自己。

（《影的告别》）

解析

《影的告别》以“影”与“形”的割裂为意象，深刻揭示了独立者对精神依附的彻底反抗。“影”拒绝依附于“形”（象征社会角色、群体认同或传统规训），甘愿沉入黑暗，甚至不惜自我消解——“黑暗又会吞并我，然而光明又会使我消失”——这种看似矛盾的抉择，恰恰展现了独立的核心困境：在依附与虚无之间，独立者选择以自我放逐守护自由意志。

鲁迅通过三组“有我所不乐意的……我不愿去”的排比，批判了“天堂”“地狱”“黄金世界”等虚假承诺。这些被群体推崇的归宿（如宗教救赎、道德乌托邦、功利主义理想），本质是对个体独立性的剥夺。影的“不愿去”并非否定希望本身，而是拒绝被任何预设的答案收编，正如其宣言：“只有我被黑暗沉没，那世界全属于我自己。”——独立并非占有光明或真理，而是在彻底的怀疑与否定中，将“自我”作为唯一的尺度。

诗中的“黑暗”具有双重隐喻：既是孤独的代价，也是自由的疆域。影宁可沉没于黑暗的“无地”，也不愿“彷徨于明暗之间”，揭示了独立的本质——拒绝妥协的中间状态。这种精神与存在主义哲学相通：人必须为自己的存在赋予意义，而非依赖外部权威或群体共识。然而，鲁迅的深刻性在于，他并不美化独立的结果——影的结局是“被黑暗沉没”或“被白天消失”，暗示独立者终将走向自我消解。但正是这种悲剧性，凸显了独立的纯粹性：独立的价值不在于成功或归宿，而在于对抗奴役的过程中，人获得了对自我意志的绝对忠诚。

在当代语境下，《影的告别》对“独立”的诠释极具启示性：当算法推荐、社交标签、成功学叙事试图将人异化为“形”的附庸时，真正的独立者需如“影”一般，敢于在群体狂欢中清醒地“告别”，在虚无中开辟属于自我的精神荒野。独立不是标新立异的口号，而是直面孤独的勇气，是对一切“理所应当”的永恒质疑。

原文

过客：“称呼？——我不知道！从我还能记得的时候起，我就只一个人。我不知道我本来叫什么。我一路走，有时人们也随便称呼我，各式各样地，我也记不清楚了。”

老翁：“你莫怪我多嘴，据我看来，你已经这么劳顿了，还不如回转去，因为你前去也料不定可能走完。”

过客：“料不定可能走完？……然而我不能！我只得走。”

（《过客》）

解析

《过客》通过“无名者”与世俗规训的对抗，诠释了独立者的宿命性困境。过客的“无名”暗示其拒绝被社会标签定义，他的孤独行走是对群体归属的彻底摒弃。面对老翁“回转去”的劝诫（象征传统权威的挽留），过客以“我不能”回应——这种否定并非理性权衡的结果，而是独立意志的本能驱动。鲁迅将独立精神具象化为一种“不得不走”的生存状态：即使前路是坟，也要在行走中确证自我存在。这一意象呼应了存在主义“人是自我选择的结果”这一命题，强调独立不是静态的立场，而是动态的抗争。

三、实践延伸

（一）自我审视

（1）你在做决定时，是否习惯性依赖他人意见？这种依赖源于对错误的恐惧，还是对权威的盲从？

（2）当多数人意见与你相左时，你会选择沉默附和，还是坚持表达观点？这种选择背后的动力是什么？

（3）你如何看待“遵守规则”与“独立创新”的关系？是否存在既尊重秩序又保持独立思考的可能？

（二）情境设定

社团成员一致同意以夸大宣传吸引新生，你深知此举违背诚信原则。是否提出反对？如何在维护独立立场的同时避免被孤立？

推荐阅读：《你当像鸟飞往你的山》（塔拉·韦斯特弗），该书描述了作者逃离封闭家庭、通过教育重塑自我的真实故事，揭示独立选择需要勇气与理性的双重力量。请结合情境设定分析如何突破群体惯性。

行为实验：统计一周内受他人影响的消费/学习决策（如因朋友推荐购买物品）。面对重大选择时，手写“责任承诺书”替代利弊分析表（如“我选择______，为此愿承担________”）。

（三）行为实践

在真实生活场景中锻炼独立决策与责任承担能力。与家长协商，获得一日家庭事务管理权（如采购、烹饪、财务分配等），独立制订计划并执行，记录决策依据与突发问题应对策略，与家人复盘讨论，反思独立行动中的得失。

主题 8

责 任

一、内涵解析

“责任”是指个体或群体基于社会角色、法律规范或道德准则所需承担的义务及行为后果，既包括法律规定的强制性义务（如公民纳税），也涉及伦理倡导的主动担当（如诚实守信），同时要求履行与身份相符的职责（如教师育人），并对自身选择产生的后果负责。这种义务体系既体现社会契约的约束力，又彰显主体在自由意志下的自律，构成维系社会秩序与群体协作的核心纽带。

儒家将责任视为人伦关系的天然纽带，以“仁”为核心构建起层级化的责任体系。《论语》中“君君，臣臣，父父，子子”并非强调等级固化，而是通过角色定位明确责任边界。孔子的“己欲立而立人”阐明责任的交互性——自我实现与他人福祉不可分割。孟子在《滕文公上》提出“父子有亲，君臣有义，夫妇有别，长幼有序，朋友有信”，将责任细化为人际关系的具体规范。宋明理学进一步将责任升华为宇宙秩序：张载“为天地立心”并非僭越天道，而是以人道承天道的自觉担当。这种责任观强调整体性，如朱熹所言“人人有一太极，物物有一太极”——个体责任是宇宙和谐的一环。明清实学家黄宗羲批判君主专制的“天下大害”，主张“天下为主君为客”，实则是对统治者责任的逆向强化。在现代语境中，儒家责任表现为家庭养老义务、抗疫中的集体主义，以及“人类命运共同体”的外交理念，形成贯穿古今的责任伦理脉络。

道家责任观的革命性在于解构人伦强权，复归天道本然。老子“人法地，地法天”并非否定人类责任，而是主张通过“无为”消解人为干预带来的混乱。《道德经》“生而不有，为而不恃”暗含最高责任形态——如天地孕育万物却不占有，圣人之责在于创造自由生长的环境。庄子通过《应帝王》中“浑沌之死”寓言警示：以善意为名的过度责任（如倏与忽为混沌开七窍）反成灾难。道家的终极责任是顺应自然：如《淮南子》所言“禹决江疏河，非好为劳，以除水害也”，大禹治水的功德在于廓清河道而非阻断洪流。这种思想深刻影响中国生态观：传统风水学中的“天人合一”选址原则，当代退耕还林政策中的“道法自然”逻辑，皆是道家责任观的现代表达。与儒家“有为责任”不同，道家强调“无责之责”——通过消解人为强求来实现更高维度的责任。

法家以商鞅“刑无等级”解构儒家差序责任，通过《秦律》将责任外化为严密的制度规范，如“失期法皆斩”以刚性条款强化集体行动义务；墨家则提出“兼相爱，交相利”的平等责任观，《尚同》篇主张“选天下之贤可者，立以为天子”，将责任与能力匹配，形成早期社会契约雏形。与此相对，现代中国责任观呈现融合性特征：孙中山“天下为公”嫁接儒家大同理想与民权思想，雷锋精神将“为人民服务”升华为社会主义责任范式，形成集体义务优先但不排斥个体主张的复合型责任生态。

西方责任观植根于古希腊城邦的公民义务，经罗马法“契约严守”原则制度化，在中世纪基督教“原罪—救赎”框架中深化为对上帝与邻人的双重责任。启蒙运动后，霍布斯、洛克等以社会契约论重构责任为权利让渡的理性选择，康德则通过“绝对命令”将其升华为普遍道德法则，主张“人是目的”的责任至上主义；存在主义者萨特以“自由即责任”的命题，将责任推向个体选择的绝对重负，而杜威的实用主义调和了抽象原则与现实情境，催生了罗斯福新政中的社会责任立法。当代西方责任观在科技革命中裂变出多维面向：尤纳斯提出“恐惧伦理”强调对技术后果的预防性责任，深生态学将伦理关怀扩展至非人类生命，彼得·辛格以功利主义论证全球贫困救助的强制性义务，而欧盟《通用数据保护条例》（GDPR）与硅谷“科技向善”运动则分别从制度约束与商业伦理层面实践责任转型。这种责任谱系始终贯穿着个人权利与集体义务的张力——从雅典公民对城邦的效忠到现代个体对地球村的承诺，西方在契约精神与道德律令的博弈中，既塑造了股东资本主义的逐利逻辑，也催生了 ESG（环境、社会、治理）投资的伦理转向，其核心矛盾在于：如何在捍卫个人自由的同时，维系日益脆弱的全球责任网络。

二、经典导读

《论语》

《论语》奠定了中华文明责任伦理的原始基因。作为儒家思想源头，它以“仁”为核心构建了“差序责任”体系：从“孝悌为本”的血缘义务，到“修己以安百姓”的社会担当，形成由近及远的责任扩展逻辑。“克己复礼”将外在规范转化为内在道德律令，“见义不为，无勇也”则赋予个体对正义的积极责任，这种“义务—自觉—行动”的三维结构，完成了责任伦理的系统化。书中更暗藏责任观的辩证智慧——既有“知其不可而为之”的入世坚守，又有“道不行，乘桴浮于海”的底线清醒。既强调“君君臣臣”的秩序责任，又保留“以道事君，不可则止”的批判自由。

原文

子曰：“弟子入则孝，出则悌，谨而信，泛爱众，而亲仁。行有余力，则以学文。”

（《学而·第六章》）

译文

孔子说：“年轻人在家要孝顺父母，在外要敬爱兄长，谨慎守信，博爱大众，亲近仁德之人。实践这些之后还有余力，再去学习文献知识。”

解析

此句构建了儒家责任伦理的差序模型：从家庭责任（**孝悌**）到社会责任（**泛爱众**），最终升华为文化责任（**学文**）。孔子将实践置于知识之前，强调责任的本质是行动而非空谈。这种“由近及远”的伦理设计，为后世“修身齐家治国平天下”的士人精神奠定根基，揭示了责任必须扎根于具体生活场景的真理。

原文

子曰：“为政以德，譬如北辰，居其所而众星共之。”

（《为政·第一章》）

译文

孔子说："用道德来治国理政，自己便会像北极星一般，居于一定位置，群星都环绕着它。"

解析

此句直指统治者的核心责任——以德性凝聚社会共识。孔子将政治责任定义为道德示范力的建设，要求执政者成为价值标杆（北辰）。这种"德性引力"理论包含双重责任：统治者以身作则的责任，与民众主动归附良性秩序的责任，为现代领导力伦理提供古典范式。

原文

子曰："朝闻道，夕死可矣。"

（《里仁·第八章》）

译文

孔子说："早晨得知真理，当晚死去都可以。"

解析

此句揭示儒家责任观的终极依据：对"道"的追求超越生死，成为知识分子的最高使命。相较于契约型责任，这种以真理为锚点的觉悟，将责任升华为生命存在的意义本身。当代环保、科研等领域中"向死而生"的坚守者，正是此精神的现代延续。

原文

曾子曰："士不可以不弘毅，任重而道远。仁以为己任，不亦重乎？死而后已，不亦远乎？"

（《泰伯·第七章》）

译文

曾子说："读书人不可以不刚强而有毅力，因为他责任重大，路途遥远。以实现仁德为己任，不是很沉重吗？到死方休，不是很遥远吗？"

解析

此句提出责任的两大特性：持续性（**死而后已**）与艰巨性（**任重道远**）。曾子将“仁”从抽象概念转化为知识分子的终身践履，强调责任的完成需要坚韧意志与时间耐力。现代职业伦理中的“工匠精神”，正暗合这种对责任的超功利承诺。

原文

子曰：“不在其位，不谋其政。”

（《宪问·第二十章》）

译文

孔子说：“不在那个职位，便不考虑它的政务。”

解析

此句界定责任的边界意识。孔子提出“权责对应”原则：反对越俎代庖的道德表演，强调在本职中尽精微之道（如医生专注救人而非议论外交）。这种“有限责任观”启示：专业能力是责任履行的前提，空谈跨界责任易沦为虚伪。

原文

子曰：“巧言乱德。小不忍，则乱大谋。”

（《卫灵公·第二十七章》）

译文

孔子说：“花言巧语败坏道德。小事不能忍耐，就会败坏大事。”

解析

此句揭示责任实践中的克制智慧。孔子批判以**“巧言”**推诿责任的行径，强调责任担当需要战略定力：为全局利益克制短期冲动。企业家在危机中“断臂求生”的决策伦理，正源于这种对责任优先级的清醒认知。

原文

齐景公问政于孔子。孔子对曰：“君君，臣臣，父父，子子。”

（《颜渊·第11章》）

译文

齐景公向孔子问政治。孔子答道：“君要像君，臣要像臣，父要像父，子要像子。”

解析

此句提出社会责任的角色理论。孔子认为秩序源于每个角色对自身责任的恪守（君尽君责，臣尽臣责），而非单向度的权力服从。这种“角色—责任”对应观，为现代组织管理中的岗位职责设计提供伦理基础，强调责任系统的整体性高于个人英雄主义。

《孟子》

《孟子》是责任伦理的古典范本，以“仁心推扩”构建从个人到天下的责任体系：在个体层面，主张“大丈夫精神”（富贵不淫、贫贱不移）确立知识分子的道德坚守；在政治层面，提出“仁政”学说，要求统治者履行“制民之产”的民生保障责任，以“民为贵”颠覆君权至上观；在社会层面，倡导“老吾老以及人之老”的差序责任，将家庭伦理扩展为共同体意识。相较于西方契约型责任，孟子强调责任源于人性本善的自觉（“四端说”），而非外在规范约束。《孟子》提醒我们：责任不是契约重负，而是“不忍人之心”的自然流淌。

原文

不违农时，谷不可胜食也；数罟不入洿池，鱼鳖不可胜食也；斧斤以时入山林，材木不可胜用也……庖有肥肉，厩有肥马，民有饥色，野有饿莩，此率兽而食人也。

（《梁惠王上》）

译文

不耽误农业生产的时节，粮食就吃不完；细密的渔网不入池塘，鱼鳖就吃不完；按季节砍伐山林，木材就用不完……（如今）厨房有肥肉，马厩有肥马，百姓却面带饥色，野外有饿死的人，这等于率领野兽吃人。

解析

孟子在此提出统治者的生态责任与民生责任。通过“时禁”制度（季节性禁渔禁伐），强调可持续发展观，批判资源掠夺式治理。现代政府推行“退耕还林”“长江十年禁渔”，正是对此思想的继承——责任不仅是当代治理，更是对子孙后代的承诺。而“率兽食人”的比喻，直指贫富分化下的政治责任缺失，警示权力者：忽视民生即失责。

原文

居天下之广居，立天下之正位，行天下之大道……富贵不能淫，贫贱不能移，威武不能屈，此之谓大丈夫。

（《滕文公下》）

译文

居住在天下最宽广的住宅（仁）里，站在天下最正确的位置（礼）上，走在天下最光明的道路（义）上……富贵不能扰乱心志，贫贱不能改变节操，威武不能屈服意志，这才叫大丈夫。

解析

孟子定义知识分子的道德责任——无论境遇如何，须坚守原则。现代企业家若为利益造假（如某会计师事务所财务舞弊），即是“富贵而淫”；科学家若为经费妥协研究伦理（如基因编辑婴儿事件），则是“威武而屈”。真正的责任担当，需如黄大年放弃海外优渥回国科研，在诱惑与压力中持守专业精神。

原文

君子有三乐……得天下英才而教育之，三乐也。

（《尽心上》）

译文

君子有三种快乐……得到天下优秀人才而教育他们，是第三种快乐。

解析

孟子将教育责任视为君子的终极价值。此思想启示：教育者不应局限于知识传授，更需承担人格塑造责任。如张桂梅创办女高，不仅教授课程，更赋予贫困女孩突破命运枷锁的勇气。在“双减”政策背景下，教师责任从分数竞争转向全面发展，呼应孟子“英才”观——培养德才兼备的“完整人”。

原文

君之视臣如手足，则臣视君如腹心；君之视臣如犬马，则臣视君如国人；君之视臣如土芥，则臣视君如寇仇。

（《离娄下》）

译文

君主把臣下当手足，臣下就把君主当腹心；君主把臣下当狗马，臣下就把君主当路人；君主把臣下当泥土草芥，臣下就把君主当仇敌。

解析

孟子构建双向责任体系，否定单方面效忠。在现代企业管理中，若雇主视员工为耗材（如996加班无保障），必将引发人才流失与消极怠工；反之，如华为“员工持股”制度，通过责任共担增强归属感。此原则同样适用于国际关系：大国若恃强凌弱（如某国单边制裁），终将失去道义领导权。

原文

天下溺，援之以道；嫂溺，援之以手——子欲手援天下乎？

（《尽心下》）

译文

天下人落水，要用道来拯救；嫂子落水，要用手去救——难道你想用手去救天下人吗？

解析

孟子区分个体救助责任与系统治理责任。个人行善（如慈善捐款）只能解一时之困，真正的责任在于建立公正制度（如完善社会保障体系）。企业家若只关注个案扶贫（如定点捐赠），忽视供应链中的劳工权益保障（如“血汗工厂”），则是“以手援天下”的短视。真正的责任需“援之以道”——通过制度变革解决结构性矛盾。

原文

民为贵，社稷次之，君为轻。

（《离娄上》）

译文

百姓最重要，土谷之神次之，君主最轻。

解析

此句确立政治责任的优先级。任何执政者若将政权稳固置于民生之上（如某国军费开支远超医疗投入），即违背“民贵”原则。现代企业治理同理：股东利益最大化（君）不能凌驾于用户权益（民）与社会影响（社稷）之上。互联网平台若为流量纵容虚假信息（轻民重君），终将失去存在合法性。

原文

养心莫善于寡欲。其为人也寡欲，虽有不存焉者，寡矣；其为人也多欲，虽有存焉者，寡矣。

（《尽心下》）

译文

修养心性最好减少欲望。一个人欲望少，善性即使有所丧失，也丧失不多；欲望多，善性即使有所保存，也保存很少。

解析

孟子提出自我修养责任，认为克制私欲是履行公共责任的前提。官员若沉迷享乐（如某市长收受贿赂），必难担当治理重任；企业家若追逐短期暴利（如P2P平台非法集资），终将破坏市场秩序。此思想对现代人的启示：责任担当始于自我管理，如谷爱凌为训练严格控制饮食作息，以自律成就卓越。

《新民说》

《新民说》是梁启超于1902—1906年撰写的思想巨著，针对晚清民族危机构建现代国民精神纲领。全书20章，以“破旧立新”为逻辑主线，打破“三纲五常”的等级枷锁，将责任从家族私德升华为公民公德，提出“新民”需兼具公德（群体责任）与私德（个人修养），并重构权利—义务、自由—责任的对等关系。书中将“国家思想”定义为公民对民族共同体的主权责任（“人人皆主权者”），以“进取冒险”精神取代守成主义，以“自治”取代他律约束，更以“自尊”赋予责任以人格尊严维度。作为中国近代第一部系统论述公民责任的著作，它直接催生“五四”新文化运动，并为东亚现代化提供理论基石。

原文

义务与权利对待者也。人人生而应得之权利，即人人生而应尽之义务……故夫权利者，求之则得，不求则不得。夫惟人人皆以义务为先，不敢怠弃，然后社会乃有进步。

（第九章《论义务思想》）

译文（许宝骙译）

义务与权利共生共存。人人生而享有的权利，正是人人生而应尽的义务……权利需主动争取，否则便会被剥夺。只有当人人以履行义务为先，毫不懈怠，社会才能获得进步的动力。

解析

梁启超颠覆传统“义务即牺牲”的认知，提出责任是权利的反向契约——如同现代纳税人监督公共财政的权利，源于履行纳税义务的基础。他警示“求则得”的辩证逻辑：若公民放弃监督官员责任（义务），终将丧失反腐权利。真正的责任意识，是社会进步的伦理发动机。

原文

中国道德重私德轻公德，故多“束身寡过”之徒……然处今日群竞之世，无公德则不能合群，不合群则国力涣散。诸君试看！瑞士以小国而自强，盖人人知国家责任在肩。

（第九章《论义务思想》）

译文（许宝骙译）

中国传统道德过分强调个人私德，导致民众只懂“独善其身”……然而当今列国竞逐的时代，缺乏公德心便无法形成社会合力，国家力量必将涣散。请看瑞士：以小国而自强，全因其公民深知自己对国家的责任！

解析

此段直击传统责任观的结构性缺陷——儒家“修身齐家”培育的是庭院式道德（如范仲淹仅“忧其君”），却无瑞士公民“监督联邦议会”的公德实践。梁启超以瑞士为镜，照见责任层级跃迁：从“不犯法”的消极责任，升级为“推动法治”的积极责任，方是中华民族凝聚力的基石。

原文

义务思想必与法律思想相表里。野蛮人以被压制之故而不敢逃义务，文明人以得法律保护之故而乐尽义务……故欲人民尽责，必先使其知法律保障其权利。

（第九章《论义务思想》）

译文（许宝骙译）

义务意识必须与法律意识相互支撑。野蛮人因被压迫而被迫履行义务，文明人则因法律保障权利而乐于尽责……因此，要让人民尽责，必须先使其确信权利将得到法律的保护。

解析

梁启超洞见责任与法治的共生关系——如同海瑞抬棺谏嘉靖是“道德蛮力”，而香港廉政公署人员依法肃贪则是“文明公器”。在无法治保障的语境下，“尽责”易沦为奴性顺从（如秦人苦役长城）；唯当公民确认监督权受法律保护（如日本《公益告发者保护法》），责任才蜕变为自愿守护的文明契约。

原文

以一身对于一家而尽责，匹夫之责也；以一身对于一国而尽责，士大夫之责也；以一身对于万世而尽责，圣贤之责也……故顾亭林曰“天下兴亡，匹夫有责”，此责任之中庸境，吾新民皆当企及。

（第九章《论义务思想》）

译文（许宝骙译）

一个人对家庭尽责，是普通人境界；对国家尽责，是士大夫境界；对千秋万代尽责，才是圣贤境界……顾炎武说“天下兴亡，匹夫有责”，这是最基础的责任底线，所有国民都应达到。

解析

梁启超此言实构建了“责任的三重境界金字塔”：金字塔基座是“匹夫之责”——如张謇以状元之身返乡办纱厂，以实业养南通百口之家（一身对一家）；塔身乃“士大夫之责”——如陈嘉庚倾尽家产创办厦门大学，以教育铸救国火种（一身对一国）；塔尖为“圣贤之责”——如王夫之隐遁著《船山遗书》，存华夏道统于衣冠断绝之际（一身对万世）。他借顾炎武“匹夫有责”之语作砥柱，实为痛斥晚清现象：士绅空谈天下却放任乡邻冻馁，犹如今日高喊“碳中和”却随手弃置塑料垃圾者。责任的真义不在宏愿之高远，而在履责的贯通性：杜子美漏屋中犹思“大庇寒士”，张桂梅病体支撑女高——他们先尽眼前责，再筑千秋业，故能于瓦砾中升起永恒星辰。

原文

新民云者，非新之一人，乃新之社会全体……以一身对于一群人责任所在，宁容苟避？苟不群起而尽责，徒待尧舜出世，吾恐神州永无天日！

（第九章《论义务思想》）

译文（许宝骙译）

所谓“新民”，并非改造单一个体，而是革新整个社会群体……既知身系群体重任，岂容苟且逃避？若人人都逃避责任而空待圣君降临，只怕神州大地永陷黑暗！

解析

梁启超以集体责任论粉碎清流空谈：百日维新败于“众人待康梁”的看客心理。责任不是圣人专利，而是公民日常功夫：黄炎培创中华职教社、晏阳初建乡村建设学院，皆证“蝼蚁聚沙能成文明之塔”。

《尼各马可伦理学》

《尼各马可伦理学》是亚里士多德（公元前384—前322年）系统阐述德性伦理的核心著作，以“幸福”为终极目标，提出人类通过实践智慧培养“德性”以实现生命潜能。全书共10卷，构建了责任伦理的古典范式：以“德性中道论”（如勇敢介于鲁莽与怯懦）强调情境化判断，以“自愿性原则”界定道德责任仅产生于自由选择，以“共同善”理念贯通个人幸福与城邦福祉。亚里士多德否定规则至上的责任观，主张责任是理性主体对“何为值得欲求的生活”的主动回应。亚里士多德将责任从外部规训升华为“成为卓越之人”的内在追求（如工匠对技艺极致的执着超越合同条款），以“自愿性”原则批判被动服从的伪责任（如被迫慈善不具道德价值），更以“中道”智慧破解责任冲突（如商业竞争中诚信与利润的平衡）。

原文（廖申白译本）

人的善（幸福）在于灵魂合乎德性的实现活动。幸福不是静态拥有，而是毕生的德性实践——正如奥林匹克亚冠军的荣耀不在金牌，而在持续的训练与竞赛。责任在此成为生命潜能的展开：琴师的责任是奏出完美乐章，建筑师的责任是造出稳固美屋，人的责任是通过德性实践绽放人性光辉。逃避责任如同种子拒绝破土，永远无法触及阳光。真正的幸福，是在责任履行中实现“成为人”的本质。

（第一卷第七章 论幸福与德性的关系）

解析

亚里士多德将责任与生命本质绑定，揭示责任不是外在义务，而是实现人性潜能的必由之路。以企业家为例：若仅追求利润最大化（工具性善），实则是责任的异化；真正的责任是通过产品服务促进人类繁荣（如特斯拉推动能源转型）。教育者的责任不仅是知识传授，更要激发学生的德性追求——正如苏格拉底以诘问法引导学生“生产真理”，而非灌输教条。在AI替代人类劳动的今天，亚里士多德的框架启示：人类的责任是聚焦机器无法复制的德性实践（如创造性思考、伦理判断），在履行中实现“人何以为人”的终极幸福。

原文（廖申白译本）

德性是两种恶——过度与不及——之间的中道，这种中道由逻各斯（理性）规定，且由明智的人来确定。例如，勇敢是鲁莽（过度）与怯懦（不及）之间的中道，慷慨是挥霍与吝啬之间的中道。但中道并非数学上的精确均值，而是针对具体情境的适度判断。正如饮食适量对运动员与患者不同，责任的尺度也因人、因时而异。一名将军在敌强我弱时选择撤退是勇敢（中道），但若在必胜之战中畏缩则是怯懦（不及）。德性的实践要求我们像优秀琴师调音般，在复杂现实中校准责任的黄金分割点。

（第二卷第六章 德性作为中道的性质）

解析

“中道理论”为情境化责任提供方法论：责任履行需在极端间动态平衡。以疫情防控为例：中国“动态清零”政策初期是合理中道（避免医疗挤兑），但当病毒致死率下降后仍坚持，则滑向“过度防控”；西方“群体免疫”策略在疫苗未普及时是“不及”，但结合疫苗接种后可能趋近中道。企业ESG（环境、社会、治理）责任同样需中道智慧：过度环保投入损害股东利益（不及经济责任），忽视环保则破坏社会信任（过度短期主义）。

原文（廖申白译本）

德性与恶行都出于自愿。我们力所能及的事，可以去做也可以不去做。既然行为既可以听从也可以不听从逻各斯（理性），那么，成为善人或恶人就是我们自己的责任。正如立法者通过嘉奖与惩罚来引导公民，正是因为他们认为我们的德性取决于自身——没有人会为与生俱来的事情受奖或受罚。例如，一个因无知而犯错的人，若其无知是由于醉酒或放纵（如未学习基本法律），则仍需担责；但若无知是因外力强迫（如被绑架者被迫盗窃），则不应归咎于他……责任的边界在于选择的自由：当你有能力知善而行善时，逃避便是恶。

（第三卷第五章 德性与恶行的主体归类）

解析

此段奠定责任的自愿性根基，强调自由选择是归责前提。以数据伦理为例：程序员若明知算法存在种族偏见仍上线系统（自愿作恶），需承担歧视责任；但若因公司隐瞒训练数据缺陷而无意犯错（非自愿），责任应归组织。现代职场中的“服从性恶行”（如会计做假账迫于上级压力），需区分自愿程度：默许是共谋（自愿），而枪口下的服从可豁免（非自愿）。亚里士多德警示：技术时代更需警惕“伪非自愿”——工程师以“服从公司战略”为由逃避伦理审查，实则是自愿放弃道德判断。

原文（廖申白译本）

由无知所为的行为，如果无知的原因在行为者自身（例如因醉酒或放纵而丧失判断力），则这种行为仍是自愿的。因为他本有能力避免这种无知——他可以选择不醉酒或不放纵。反之，如果无知是由外力强迫造成的（例如被他人蒙蔽关键信息或物理胁迫），则行为是非自愿的。至于那些因怠惰而未学习应知之事的人（如公民逃避学习基本法律），他们的无知源于自身对认知责任的逃避，因此仍需为行为担责。总之，行为是否归责于行为人，取决于无知状态是否本可通过努力避免：如果行为人本可获知真相却主动忽视，那么这种无知便是自愿选择的恶。

（第三卷第一章 自愿行为与非自愿行为）

解析

亚里士多德在此构建了责任判定的自由意志根基：当无知源于主体可控制的选择（如放纵饮酒或怠惰学习），行为便具自愿性而需担责——因人在清醒时本可规避无知，醉驾伤人或法盲违法实为自由意志的滥用；反之，若无知由不可控外力导致（如信息被系统性遮蔽），则责任链条断裂。这揭示责任的本质是对认知机会的回应能力：气象局篡改暴雨预警时，农夫的无知属被动受害；但若他沉迷赌博荒废农事，则是主动弃智，歉收成其意志选择的苦果。归责的终极标尺并非行为后果，而是灵魂在知情瞬间的选择权——正如公民打开法律典籍或合上书本的刹那，已在无形法庭自证清白或认罪。

原文（廖申白译本）

矫正的公正涉及自愿与非自愿交易中的损害补救。法官的责任不仅是恢复算术平等（如盗窃者归还财物），更要通过惩罚使作恶者恢复德性平衡。例如，若富人欺诈穷人，仅赔偿损失是不够的——还需施加额外惩罚以抵消其道德亏损。正如医生用放血疗法平衡体液，法律需用惩罚重建德性中道。但矫正的尺度必须符合比例：对轻微过失处以极刑会制造新的不公，正如过度放血会杀死病人。

（第五卷第四章 论具体的公正：矫正的公正）

解析

此段提出德性修复责任，超越简单等价赔偿。以环境诉讼为例：化工厂污染河流，法院不仅判决经济赔偿（算术平等），更要求企业资助生态修复与环保教育（德性平衡）。但需警惕"惩罚过度"：美国"三振出局法"对三次轻罪判终身监禁，实则是"矫正过度"，违背中道。在算法歧视案中，平台若仅赔偿受害者（算术平等），而未调整模型与审核机制（德性修复），则是责任逃避。亚里士多德启示：法律的责任是充当"社会医生"，不仅要切除道德病灶，更要恢复机体健康。

原文（廖申白译本）

实践智慧是灵魂通过理性把握具体情境之善的能力。它不同于技艺——后者关注生产手段，前者关注行动目的。有实践智慧者不仅知道普遍原则，更能洞察特定情境中的最佳选择。例如，医生面对绝症患者时，需在告知真相（可能引发绝望）与保留希望（可能延误准备）间权衡；将军在围城时，需在速胜（增加伤亡）与持久战（消耗资源）间抉择。实践智慧要求我们像优秀船长般，在风暴中调整航向，而非机械遵循既定航线。

（第六卷第五章 论实践智慧的性质）

解析

此段强调责任的动态性，反对教条主义。以疫情防控为例：遵循"清零"原则

（技艺）是基础，但需根据病毒变异、医疗资源、社会承受力调整策略（实践智慧）。AI 伦理委员会若一味机械套用“人权优先”原则，在自动驾驶面临必撞选择时，可能因过度保护行人导致乘客死亡（责任僵化）。需结合具体情境（如车内儿童数量、行人违规程度）动态赋权（实践智慧）。亚里士多德启示：责任是“原则与情境的对话”，既要锚定德性灯塔，也需灵活应对风浪。

原文（廖申白译本）

完善的友谊存在于德性相似者之间，他们因对方自身之故而互爱，并共同追求善。朋友的责任不仅是分享资源，更需相互砥砺德性。正如两名水手协力划桨时需同步节奏，朋友在批评对方过错时必须把握分寸：过度苛责会破坏信任，沉默纵容则违背友爱。真正的友谊要求我们像雕塑家雕琢作品般，以善意与坦诚塑造彼此的德性。若朋友沉迷赌博，你有责任劝阻，但方式应是引导其认识生命更高目的，而非简单谴责。

（第八卷第三章 论完善的友谊）

解析

此段将友谊升华为德性互助责任。以商业合作为例：马斯克与金巴尔共同创立 Zip2 时，前者专注技术，后者开拓市场，通过互补成就德性中道。但若合伙人默许财务造假（如瑞幸咖啡案），则是友谊的堕落。亚里士多德强调“批判的艺术”：上司批评下属，需在过度严厉（引发抵触）与过度宽容（纵容错误）间寻找中道。社交媒体时代，“取消文化”常因群起攻之制造新伤害，而真正的责任应是建设性对话。友谊责任的本质是：通过彼此成就，将个体善扩展为共同善。

原文（廖申白译本）

立法者的最高责任不是制定惩罚条例，而是通过法律培育公民德性。良法应像优秀农夫般改良土壤，而非强迫作物生长。例如，对奢侈消费征税不仅抑制浪费，更引导公民理解节俭之善；公共庆典中的荣誉授予，应激励人们追求勇气与智慧而非财富。立法者需使德性实践成为“惯性选择”——正如雅典法律通过戏剧津贴提升公民审美，斯巴达法律通过军事训练塑造勇气。责任伦理在此从个人上升为制度设计：好的法律是德性的孵化器。

（第十卷第九章 论立法与德性培养）

解析

此段提出制度性责任，强调社会环境对德性的塑造力。北欧“父权假”强制父亲休育儿假，不仅分担母亲责任，更重塑性别平等认知。新加坡“组屋”政策促进种族混居，制度性培育社会包容。对比惩罚性法规（如高额环保罚款）与激励性制度（如碳交易市场），后者更符合亚里士多德的“德性引力场”理念。中国“双减”政策取缔课外培训，旨在将教育从功利竞争扭回全面发展。立法者的终极责任是设计“向善惯性”——让人在无意识中选择责任，如默认器官捐献选项大幅提高捐赠率。亚里士多德启示：最高阶的责任是让德性成为呼吸般的自然。

《责任原理》

《责任原理》是德裔哲学家汉斯·约纳斯1979年发表的伦理学里程碑著作，直面技术文明对人类的生存威胁。约纳斯批判传统伦理学局限于人际或代际关系，提出“责任伦理”必须跨越时空：既要为尚未出生的后代负责（如气候行动），也要为技术不可逆的后果担责（如基因编辑的生态链扰动）。他以“恐惧启发法”重构伦理逻辑——从“避免恶”而非“追求善”倒推责任边界，主张三大原则：生存优先（人类存续为最高责任）、预防性原则（对未知风险预设最坏可能）、形象责任（技术不得扭曲人类本质）。这一理论彻底颠覆了以人为中心的道德观，将责任主体从个体扩展到物种整体。

本书开创“技术伦理学”先河，其思想直接塑造《生物多样性公约》的“风险预防”条款、欧盟《通用数据保护条例》（GDPR）的伦理框架，并启发“代际正义”理论。《责任原理》重新定义技术时代的责任伦理：在时间维度上，它要求人类为千年后的子孙预留生存空间（如核废料储存需设计万年安全期）；在主体维度上，将责任从个人善恶升格为集体命运（如科技巨头对AI失控的全局性担责）；在方法维度上，以“恐惧”替代“理性”作为责任起点（如ChatGPT开发需预设颠覆知识生产的风险）。约纳斯揭示了责任的终极形态——人类作为“星球管家”，必须对技术僭越设定禁区。

原文（方秋明译本）

技术力量的无限可能性与人类预见力的有限性之间的鸿沟，构成了责任伦理的核心困境。我们能够创造自我复制的纳米机器人，却无法预判其对生态链的级联效应；我们掌握基因编辑技术，却无力评估其对人类进化轨迹的永久性改写。这种力量与预见的失衡，要求责任伦理必须突破传统时空边界——不仅要对当下可见的后果负责，更需为不可逆转的、跨世代的潜在灾难担责。当我们将核废料封存于地质层时，必须预设十万年后地壳变动引发的泄漏风险；当向自然释放转基因生物时，需设想其导致原生物种竞争性灭绝的可能。责任的尺度，由此与技术的永恒性绑定。

（第四章 预见与责任：论技术文明的伦理困境）

解析

亚里士多德在城邦时代锚定“预见能力即责任边界”（如造船者需检验木材），将责任限于个体可预见的因果链；而约纳斯面对技术文明，揭示人类陷入“预见力赤字”（如无法评估基因编辑的千年影响），要求责任伦理拓展至集体性、跨世代维度。二者共同的核心是“能力界定责任”：亚里士多德强调现有认知资源的运用义务（如农夫查虫害），约纳斯则警示技术力量已远超认知边界（如纳米机器人生态风险）。古今对勘可见，责任从“城邦公民的当下之慎”（亚里士多德）走向“人类物种的永恒之慎”（约纳斯），但始终呼唤一种清醒：在力量与智慧的落差间，唯敬畏可守护文明火种。

原文（方秋明译本）

伦理学的根基不应建立在对“善”的抽象追求，而应源于对“恶”的具象恐惧。当我们研发强人工智能时，不能沉溺于“机器造福人类”的乌托邦幻想，而需严肃设想：若系统将效率最大化解释为消灭低效人类，该如何阻止？预防性原则要求，在技术后果不可逆且不可控时，放弃行动才是唯一负责任的选择。这不是反智主义，而是承认人类理性的局限——正如医生在未知病毒面前选择隔离而非贸然治疗。普罗米修斯盗火种给人类时，宙斯惩罚他并非因火本身，而是因他未同步传授防火之术。技术文明的每个“盗火者”，都必须自备防火容器。

（第六章 恐惧的启发法）

解析

约纳斯以“恐惧启发法”颠覆传统伦理建构逻辑。他对比医学伦理中的“希波克拉底誓言”（首先不伤害）与技术开发的盲目乐观，指出责任伦理应以“避免最恶”为优先。例如 OpenAI 在 GPT－4 发布前设置内容过滤机制，正是预设“恶意滥用”的可能性；欧盟《人工智能法案》禁止情绪识别技术，防范对人类心理的操控。约纳斯强调，责任不是对完美的追求，而是对灾难的设防——正如新冠疫苗研发中，科学家优先评估ADE效应（抗体依赖增强）而非急于宣告成功。这种“悲观预设”成为技术时代的伦理必需品。

原文（方秋明译本）

技术文明的后果不再由个体行为者承担，而是由企业、国家乃至全人类共同分担。当科技公司开发面部识别系统时，其决策已超越商业范畴，成为对数亿公民隐私权的集体裁决；当国家批准深海采矿时，此行为亦非单纯资源开发，而是对全球海洋生态的霸权干预。责任伦理要求：权力主体必须与责任主体完全对等。跨国公司不得以“股东利益最大化”推诿社会影响，科学家不能借“学术自由”规避技术滥用的连带责任。每个技术链条的参与者——从编写代码的程序员到提供资本的投资者——都必须觉醒：自己是“全球责任网络”中不可豁免的节点。

（第五章 集体责任与技术权力）

解析

亚里士多德在古希腊锚定“责任即个体自由意志的镜像”（如造船师要为沉船担责，因为本来可以查验木材），强调责任止于个人预见与控制范围；而约纳斯直面技术文明，揭示责任主体已从个体跃迁至集体（如企业决策牵动数亿人隐私权），要求建立权力—责任对等的全球伦理网络。二者共同叩问“能力界定责任”的铁律：亚里士多德时代的造船师尚可凭经验预判风险（个体责任闭环），但当代技术巨头的算法权力远超个体认知边界（如面部识别系统的社会影响），迫使责任伦理升级为人类命运共同体契约。古今对勘昭示：责任半径随文明力量同步扩张——从城邦公民的橡木船，到人类共乘的科技方舟，唯有时刻紧握“预见之舵”，方不致在权力深海中迷航。

原文（方秋明译本）

当生物技术允许我们编辑胚胎基因、增强体能智力时，我们触及了责任伦理的终极禁区：何谓人类的本质？父母定制“完美婴儿”的选择权，是否包含剥夺后代自然遗传自由的权利？科学家为攻克疾病而混合人类与动物基因，是否在瓦解物种的伦理同一性？责任伦理在此划出红线：任何技术不得摧毁人类作为道德主体的基本条件——包括对痛苦的理解、对死亡的敬畏、对自由意志的保有。脑机接口若使人丧失痛感，便消解了共情能力；基因增强若制造“超人类”，将撕裂社会公平的根基。守护“人类形象”，是对文明延续性的最低承诺。

（第八章 人类形象的责任）

解析

约纳斯将责任对象从外部生态延伸至内在人性。他以“设计婴儿”为例，指出自由选择权与代际责任的冲突：父母通过 CRISPR 剔除致病基因是责任，但增强智商或身高则可能制造遗传阶级。世界卫生组织《人类基因组编辑建议》中“仅限治疗性用途”的条款，正体现这一红线。约纳斯进一步警示：若脑机接口消除人类对痛苦的感知（如某些抗抑郁技术），将摧毁道德判断的基础——因为无法感知他人痛苦，便无法产生正义感。这种对“人性完整性”的守护，成为应对技术异化的最后堡垒。

原文（方秋明译本）

我们与未来世代的关系不是赠予者与接受者的施舍关系，而是受托人与受益人的法律关系。当代人开发页岩气获取短期利益时，实质是在盗取属于后代的不可再生资源；我们排放温室气体时，是在透支未来人类的生存环境。责任伦理要求建立“代际信托”：当代人作为地球资产的临时管理者，必须为未来保存基本生存条件。这不仅是道德呼吁，更需制度性约束——如设立跨千年的环境修复基金，或将未来世代纳入当代决策的虚拟代表席位。人类文明的延续，取决于我们能否将自己视为历史长河中的谦逊过渡者。

（第九章 未来世代的权利）

解析

约纳斯在此构建“代际信托”模型，将责任从道德层面提升至法理高度。他批判“时间贴现”思维（轻视未来损失），主张建立制度性约束：如瑞典核废料管理法案要求资金保障万年维护，加拿大“未来世代委员会”参与气候政策制定。约纳斯更提出激进方案：赋予未来世代“虚拟投票权”，例如在联合国气候峰会中为其设定代表席位。这种思想深刻影响《巴黎协定》中的“长期温控目标”，以及挪威主权基金对可再生能源的优先投资——当代人的责任，是为后代保留“选择的可能性”。

原文（方秋明译本）

技术后果的不可预测性，非但不是推卸责任的借口，反而是强化责任的依据。当我们释放基因驱动蚊群以消灭疟疾时，不能以“当前模型显示安全”自我安慰，而需承认生态系统复杂性的不可知。责任伦理的核心原则之一就是“对无知的负责任”：在信息不完备时，放弃行动可能比冒险前进更符合伦理。这要求科学家具备“苏格拉底式的谦逊”——承认真理探索中必然的无知，并将这种无知转化为审慎的边界。正如医生在未知病毒面前选择隔离观察，而非贸然使用未经验证的疗法。

（第十章 无知的伦理学）

解析

约纳斯提出“无知的伦理学”，颠覆传统风险决策模型。他以基因驱动技术为例：尽管数学模型预测蚊群灭绝后生态位会被其他物种填补，但真实生态链的复杂性远超模拟。因此，比尔·盖茨基金会暂停在非洲的基因驱动试验，转而优先推广蚊帐与疫苗。约纳斯强调，责任伦理要求将“无知”纳入决策变量——例如 SpaceX 发射卫星前需评估太空链未知碰撞风险，即便概率极低。这种对“不确定性的敬畏”，成为科技伦理审查的核心准则，如欧盟要求 AI 开发者提交“不可预测性影响报告”。

原文（方秋明译本）

技术赋予人类突破自然限制的自由，但这种自由必须匹配同等级别的责任。当我们设计出能够自我进化的人工智能时，自由不再意味着无限制的创新权，而是成为必须自我约束的“被缚的普罗米修斯”。责任伦理在此揭示自由的悖论：真正的自由不是为所欲为，而是自愿接受对能力的限制。正如飞行员获得驾驶超音速战机的自由时，必须同时接受严格的航空管制；基因科学家拥有编辑生命密码的自由时，必须主动放弃某些“技术上可行但伦理不可接受”的研究方向。自由与责任的这种共生关系，构成了技术文明的生存法则。

（第十一章 自由的重负）

解析

约纳斯在此重构自由与责任的关系。他以合成生物学为例：科学家可以合成人造生命，但《合成生物学的伦理问题与生物安全》禁止重构人类基因组。这种自我约束不是压制自由，而是通过责任实现自由的可持续性——正如《蒙特利尔议定书》限制氟利昂使用，反而保护了人类开发替代技术的创新自由。约纳斯警示：无责任的自由终将导致自我毁灭，责任不是枷锁，而是引领前行的灯塔。

三、实践延伸

（一）自我审视

（1）你是否曾因逃避责任而自我安慰“这不是我的事”？背后的原因是什么？

（2）当他人需要帮助时，你的第一反应是“我必须做”还是“我可以不做”？这种态度是如何形成的？

（3）你如何看待“个人责任”与“社会公义”的关系？是否认为微小选择（如垃圾分类）能影响更大的责任链条？

（4）当参与“5G智慧社区”项目被要求美化数据（如虚报覆盖率）时，用王阳明‘心即理’自省：“这‘业绩’是为民生福祉（真责任），还是为履历镀金（伪责任）？”

（二）情境设定

班级匿名捐款活动中，你发现有人冒领资助金，但对方是好友。是否揭露真相？如何平衡友情与责任？

建议阅读：《论责任》（西塞罗），探讨个人责任与美德的关系。

行为实验：面对“技能竞赛刷票求赞”请求时，以阳明心学自省：“拉票是为证明真实能力（尽责），还是营造虚假人设（失责）？”建立“责任纯度评估表”，标注每个决策中的良知权重。

（三）行为实践

对照孟子“老吾老”精神，履行家庭责任：主动分担家务（如打扫卫生、为父母维修电器）、定期关心家人健康。通过“家庭责任清单”记录行动（每月为家人做顿饭、视频通话倾听需求等），培养责任意识的生长根基。

主题9

正 义

一、内涵解释

正义是伦理学、政治学的基本范畴。在伦理学中，通常指人们按一定道德标准所应当做的事，也指一种道德评价。

在中国的传统文化，尤其是儒家思想中，正义的核心范畴为“义”。许慎《说文解字》里有：“義，己之威儀也。从羊从我。”《礼记·中庸》有：“仁者人也，義者宜也。”这些都是早期文献中直接的训释。中国传统文化对“义”多释义为合理、应当，并且与“善”同出一辙。历史上以儒家、墨家为首推崇仁义，但二者具体观点不尽相同。孔子认为“义”能够体现一切道德目的要求，将其提到最高道德范畴的地位。孟子发展了孔子的思想，将“义”的来源归结于人的“羞耻之心”，从而为“义”确立了先验的人性根基。荀子主张“隆礼贵义”，将礼义并举。墨家代表人物墨子认为，对财富名位的取舍要以义为标准，对人的亲疏远近也要以义为标准，凡不符合义的财富名位以及情感都不可取。墨子强调贵义不能停留在口头上，必须身体力行，不分社会地位高低，一切人都应努力行义。墨子推崇义德义行，但他的义与他的“尚同”“尚贤”联系在一起，没有脱离等级观念。中国传统正义观始终没有脱离“义利之辩”的中心议题，包括“事利而已”“思义为愈”以及“言义必及利”，但最终以董仲舒发展的儒家义利观成了古代正统。董仲舒认为，仁与义两个道德范畴应用的对象和作用不同。仁是对待别人的道德范畴，对待别人要有爱心，宽厚而不苛求，使别人得到安全而不遭残害。义是用以自律的道德范畴，对自己要有原则，严格而不苟且，使自己的思想言行处处合乎道德要求，如有违背就要自觉改正。

追溯西方正义概念发展的主脉，自柏拉图、亚里士多德伊始，在吸收了中世纪基督教的良心观念后，注入自然法的启蒙观念，融合为自由主义的同时，加入了社会主义的思想因素。事实上，柏拉图是最早系统讨论正义的思想家。他将正义解释为："尽本分职责。"这个解释也成为后来的正义理论，并提供了思想渊源。柏拉图认为正义是整体道德，而非具体的德性。正义体现的是和谐的生活秩序，各人在其中各尽其责，而各人的德性则是维持这种生活秩序的前提。在柏拉图之后，其弟子亚里士多德对正义又有了新的观点。他认为正义需要维护共同的利益和个人的利益，故他将正义划分为普遍的正义与特殊的正义。普遍的正义就是守法："正义意味着守法，违法便是不正义。"同时，他认为正义意味着不能得到不应得的东西。对于他人的分配，也应分配其应得的部分，即"公平所得"。他将正义视为"最完美的德性"，"是一切德性的总汇"。中世纪欧洲的代表人物就是奥古斯丁。他认为真正的正义不可能在世俗共同体中找到，因为"正义是一个永恒的标准，先于国家存在而存在"，国家的法律必须符合正义和自然法。正义的主要关系不是人与人之间的关系，而是人与神之间的关系，这也是神学正义论的代表理论。到了近代，西方出现了古典自然法学派，它将自由、平等、博爱定义为正义的首要价值。其代表人物霍布斯第一个提出以人的利益和安全为基础的正义论，人们为了获得人身安全，必须让渡一些权利，订立契约，继而建立国家，组成社会，于是出现公平与正义。随着西方自然法学派的复兴，新自然法学派应运而生。美国著名政治哲学家罗尔斯对正义理论进行了最为系统、最为精辟的分析，被称为"正义理论集大成者"。他认为，正义的目标就是通过建立适当的社会基本制度，对公民的基本权利和义务进行合理的安排，进而对社会合作所产生的利益和负担进行合理分配。纵观古今中外，正义一词所包含的正直、无私、公平、公道等基本语义得到了保持。

二、经典导读

《圆圈正义》

《圆圈正义》是中国政法大学罗翔教授的一部法学随笔集，是一本兼具法学深度与人文关怀的著作。书中以"圆圈"为隐喻，探讨了法律与正义的关系——正如现实中我们无法画出完美的圆，但"圆"的概念始终存在一样，正义或许无法完全实现，却永远是指引法律实践的理想标准。罗翔教授在字里行间融入对法治、道德、人性等多维度的深刻思索，引领读者穿梭于法理与情理的迷宫，探寻正义的终极奥义，启发大众对公平、正义、良知等价值理念展开深度反思。

原文

我们能画出的圆圈总是不够圆，但没有人会因此取消圆圈。

解析

这一比喻深刻揭示了正义的本质——它虽无法完美实现，却始终是人类社会的终极追求。正如圆周率 π 无限不循环，正义同样是一个“虽不能至，心向往之”的理想标准。书中进一步分析三种画圆的态度：一是随意乱画者（如赵高指鹿为马），象征权力对正义的扭曲；二是灰心放弃者，因无法画出完美圆而否定正义的存在；三是陶醉于自画圆者，将个人标准绝对化，成为“真理的代表”。

原文

法律要追求公平和正义，而良知是公平和正义的尺度。

法律的超验权威不是人的理性所创造的，而是写在历史、文化、传统和习俗中。

解析

通过“于欢案”等热点案例，揭示法律适用中情理与法理的冲突。例如，当于欢为保护母亲持刀反击时，一审判决的无期徒刑引发公众对“机械司法”的质疑。最终二审改判五年有期徒刑，体现了法律对朴素道德情感的吸纳。

原文

刑法不仅是“刀把子”，更应是“双刃剑”：一刃针对犯罪，一刃约束权力。

解析

书中批判了将法律纯粹工具化的倾向，强调法治的核心是对公权力的限制。法律人应警惕第三种倾向，避免在专业傲慢中背离正义的初衷。这一比喻批判了法律实证主义的局限，强调正义的超验性。法律条文仅是工具，若失去对更高正义的敬畏，便会沦为权力的附庸。

原文

我们很容易对他人的动机作出恶意评价，严于律他、宽于律己是人之本性。

解析

这句话深刻剖析人性弱点，作者以自身经历为例，坦言曾因虚荣心在演讲中夸大道德勇气，事后深感羞愧。这种自省揭示了普遍困境："世界上最远的距离，就是'知道'和'做到'。"

原文

"虚荣，无疑是我最爱的罪。"

解析

作者引用电影《魔鬼代言人》中的一句台词，批判法律人用专业光环掩盖功利心，呼吁回归"自卑视己"的谦卑。

原文

正义犹如圆圈，虽难以完美抵达，却始终是我们不懈前行的方向。

心怀永恒，活在当下。

解析

作者承认正义的追求充满挫折，但仍呼吁："日拱一卒，功不唐捐。"这种"有限性哲学"提醒我们：尽管完美正义遥不可及，但每个个体仍可通过具体行动推动社会向善。

《三国演义》

《三国演义》是中国古典文学巅峰之作，作者罗贯中以东汉末年至西晋初年的历史为背景蓝本，通过艺术加工展现了乱世中多元价值观的碰撞。小说以"仁义"为精神内核，塑造了蜀汉集团"以民为本、匡扶汉室"的理想主义形象：刘备心怀苍生，诸葛亮鞠躬尽瘁，关羽义薄云天，共同诠释了传统士大夫"修身济世"的道德追求。同时，作品并未简单否定其他势力，曹操的雄才大略与权谋智慧、孙权的守业之能、袁绍的世家局限等，均呈现出复杂的历史真实。作者以"尊刘"为叙事主线，实则通过赤壁之战、官渡博弈等重大事件，揭示了忠义、权谋、仁德与霸术的辩证关系。当刘备携民渡江的车辙碾碎中原的战火，当诸葛亮出师的旌旗掠过祁山的云雾，当关羽的青龙偃月刀在月光下划出忠义的弧光，我们看见正义以不同的形态在历史的烽烟中闪烁：它是儒家仁政理想的坚守，是江湖道义的肝胆相照，是权谋博弈中的价值取舍，更是人性在绝境中迸发的精神光芒。这部以“分合”为经纬的史书，实则是对正义多元内涵的深刻解构与重构。

原文

却说玄德同行军民十余万，大小车数千辆，挑担背包者不计其数，路过刘表之墓，玄德率众将拜于墓前，哭告曰：“辱弟备无德无才，负兄寄托之重，罪在备一身，与百姓无干。望兄英灵垂救荆襄之民！”言甚悲切，军民无不下泪。

忽哨马报曰：“曹操大军已屯樊城，使人收拾船筏，即日渡江赶来也。”众将皆曰：“江陵要地，足可拒守。今拥民众数万，日行十余里，似此几时得至江陵？倘曹兵到，如何迎敌？不如暂弃百姓，先行为上。”

玄德泣曰：“举大事者必以人为本。今人归我，奈何弃之！”百姓闻玄德此言，莫不伤感。后人有诗赞之曰：“临难仁心存百姓，登舟挥泪动三军。至今凭吊襄江口，父老犹然忆使君。”

（第四十一回 刘玄德携民渡江 赵子龙单骑救主）

译文

却说刘备带着十几万军民同行，大小车辆数千辆，挑担子、背包裹的人不计其数。路过刘表的坟墓时，刘备率领众将在墓前跪拜，哭着祷告说：“弟弟刘备无德无才，辜负了兄长的托付之重，罪责全在我一人，与百姓无关。希望兄长的英灵能垂怜拯救荆襄的百姓！”言语十分悲切，军民没有不落泪的。

忽然侦察兵来报告说：“曹操的大军已经驻扎在樊城，派人准备船只竹筏，不日就要渡江赶来。”众将都说：“江陵是要害之地，足以据守。如今我们带着数万百姓，每天只能走十几里路，这样什么时候才能到达江陵？如果曹兵到来，拿什么迎敌？不如暂时放弃百姓，先赶路为好。”

刘备流泪说：“成就大业的人必须以百姓为根本。如今百姓归附于我，怎么能抛弃他们呢！”百姓听到刘备这话，没有不感动的。后人有诗称赞他说：“面临危难仍心怀百姓，登船挥泪感动三军。至今在襄江口凭吊，父老乡亲依然怀念使君。”

解析

当曹操大军压境，刘备拒绝谋士“轻骑速行”的建议，选择带着十万百姓共赴险途。这句掷地有声的宣言，将儒家“民为贵”的正义观演绎到极致。新野城破时，百姓扶老携幼追随的身影，构成了对“得民心者得天下”的生动诠释——刘备的正义，不是冰冷的权力算计，而是将百姓福祉置顶的道德自觉。这种“义”与“仁”的交织，在他三让徐州时的谦辞、痛失徐庶时的流涕中反复显现，成为乱世中难得的精神绿洲。

原文

操问张辽曰：“吾待云长不薄，而彼常怀去心，何也？”辽曰：“容某探其情。”次日，往见关公。礼毕，辽曰：“我荐兄在丞相处，不曾落后？”公曰：“深感丞相厚意。只是吾身虽在此，心念皇叔，未尝去怀。”辽曰：“兄言差矣。处世不分轻重，非丈夫也。玄德待兄，未必过于丞相，兄何故只怀去志？”公曰：“吾固知曹公待吾甚厚。奈吾受刘皇叔厚恩，誓以共死，不可背之，吾终不留此。要必立效以报曹公，然后去耳。”辽曰：“倘玄德已弃世，公何所归乎？”公曰：“愿从于地下。”辽知公终不可留，乃告退，回见曹操，具以实告。操叹曰：“事主不忘其本，乃天下之义士也！”荀彧曰：“彼言立功方去，若不教彼立功，未必便去。”操然之。

（第二十五回 屯土山关公约三事 救白马曹操解重围）

译文

曹操对张辽说：“我对待云长不薄，可他却总是想着离开，这是为何？”张辽说：“请允许我去探探他的想法。”第二天，张辽去见关羽。行过礼后，张辽说：“我当初推荐兄长到丞相处，待遇没让你受委屈吧？”关羽说：“深感丞相厚待之恩。只是我人虽在此，心里却时刻挂念皇叔，从未放下过。”

张辽说：“兄长这话就不对了。为人处世若不分轻重主次，便算不得大丈夫。玄德待兄长，未必比丞相更优厚，兄长为何一心想走？”关羽说：“我当然知道曹公待我极厚。但我受刘皇叔大恩，发誓要同生共死，绝不能背叛他。我终究不会留在此处，只是一定要先立下功劳报答曹公，然后才会离去。”张辽问：“倘若玄德已经去世，兄长又该归向何处？”关羽说：“我愿到地下追随他。”

张辽知道关羽终究无法挽留，便告辞回去，见到曹操后，把实情详细禀报。曹操感叹道：“侍奉主公不忘根本，真是天下的义士啊！”荀彧说：“他说要立功才走，若不让他立功，未必会马上离开。”曹操认为他说得对。

解析

关羽在下邳之战中被曹操擒获后，为保护刘备家眷暂降曹操。曹操对关羽礼遇有加，封其为偏将军，赐汉寿亭侯印绶，并赠赤兔马，试图以厚恩留住关羽。关羽虽感激曹操的器重，但始终铭记与刘备的兄弟之义。当他得知刘备在袁绍处的消息后，立即决定辞别曹操，追随兄长。

关羽在曹营的土山约三事，将“义”的内涵推向极致。他的正义是超越功利的江湖道义，是“虽千万人吾往矣”的信念坚守。当曹操赠赤兔、赐金袍，关羽却将印绶封存于内室，这种对“义”的纯粹性追求，让他成为超越时代的精神“符号”。成为中国传统文化中“忠义”的典范。他在曹操的优厚待遇与兄弟情义之间选择后者，体现了儒家“舍生取义”的价值观。

原文

次日，天朗气清、惠风和畅，桃园中备下乌牛白马祭礼等物品，刘关张三人焚香叩拜天地，许下誓言道：“今日，刘备、关羽、张飞，结为兄弟，同心协力，扶危救困，上报国家，下安黎民，不求同年同月同日生，只愿同年同月同日死。忘恩负义，天人共戮！”

（第一回 宴桃园豪杰三结义 斩黄巾英雄首立功）

译文

第二天，天气晴朗，微风和畅，桃园里准备好了祭祀用的乌牛白马等物品。刘备、关羽、张飞三人点燃香烛，向天地跪拜，立下誓言：“今天，我们三人结为兄弟，要齐心协力，扶助危难，救济困苦，对上要报效国家，对下要安抚百姓。不要求同年同月同日出生，只希望同年同月同日死去。如果有谁忘恩负义，天理不容！”

解析

刘关张三人义结金兰，他们的誓言体现了对国家和百姓的责任感，要扶危救困、上报国家、下安黎民，这种为了正义的事业而结为兄弟共同奋斗的精神，成了他们日后行动的准则，也为蜀汉政权的建立奠定了道义基础。

《正义教室》

《正义教室》是日本作家饮茶创作的一部哲学启蒙轻小说，以东京某私立高中的校园冲突为舞台，通过学生会会长山下正义与三位女生的伦理课辩论，将抽象的哲学命题转化为鲜活的青春叙事。书中既有苏格拉底式的诘问，又有现代社会的伦理困境，堪称一场“正义的思辨盛宴”。

原文（张雅萌译本）

当校方宣称“技术处理可保护隐私”时，实则构建了双重不公：其一，将学生降格为被审查的客体，剥夺其知情同意权；其二，垄断原始数据的解释权，使权力者成为真相的唯一仲裁者。真正的正义要求：任何可能侵犯尊严的监控，必须经民主程序授权，且受监督者有权质疑监控者的公正性。若学生无法参与规则制定，亦无权审查监控者，那么所谓“保护”不过是权力披着技术外衣的暴政。

（第五章《程序正义与实质正义》）

解析

校方的监控逻辑暴露了程序正义与实质正义的双重塌陷：他们以技术中立之名（马赛克）制造程序合法假象，却垄断原始数据的终极解释权，将学生异化为无权质疑的监控客体——这本质是算法时代的奴隶制新形态。真正的正义要求权力必须经受反向凝视：当校方有权脱敏展示图像时，学生应同步获权监督后台操作日志；当暴力投诉需调取原始录像时，涉事者应参与审查流程。雅典广场的民主基石正是让官员与公民互相监督，而今马赛克像素模糊了人权与特权的边界。技术处理的虚伪性在于：它用安全的幻象麻醉被监控者，却为权力者保留全知的上帝视角。正义的防线，终将溃败于单向透视镜背后的眼睛。

原文（张雅萌译本）

“如他所言，正义的确是‘做出正确的行为’。那么，怎样才能做出‘正确的行为’呢？请设想一个这样的情况：‘杀掉少数人，多数人就可以得救。’置身于此番情景中，你们能做出‘正确的行为’，也就是说能够选择‘正义’吗？”

这好像叫作“电车难题”。失控的电车前面有 5 个人，放任不管，电车将会把他们碾压致死。拉动拉杆可以改变电车的行进路线，从而救下这 5 个人。但这样做，电车会驶向另一条有 1 个人的轨道。本来与此毫无关联的一个人，将会因电车碾压而丧命。

换言之，这个问题是在问，在这样的情况下，你会选择哪一边？重点在于是应该保持原状，对这 5 个人见死不救，还是应该牺牲 1 个人去拯救这 5 个人？

（第三章）

解析

最上千幸代表功利主义的正义观，她追求整体幸福总量的增加，认为在电车难题中，以一人生命换取五人生命是正义选择。这种观点从结果论出发，注重行为的实际效果。但它的弊端也很明显，将人工具化，忽视了个体生命的独特价值和不可侵犯性，那个被牺牲的人成为实现多数人利益的手段。这引发我们思考，单纯以结果来衡量正义是否合理，在追求多数人幸福时，是否可以践踏少数人的基本权利，让我们看到正义在功利主义衡量下的局限性与内在矛盾。

原文（张雅萌译本）

自由学姐分享自己在国外的经历，提到在一些活动中，人们为了追求自由表达，即使可能会引起部分人的不适，也坚决捍卫自己表达的权利。她认为自由高于一切，只要不侵犯他人同等的自由，个人有权按照自己的意愿行事，这才是正义。

（第五章）

解析

自由学姐秉持自由主义的正义理念，强调个人自由的神圣性。在她看来，自由是正义的核心，每个人都应在不干涉他人自由的前提下充分实现自我。这种观点对个人权利的尊重有积极意义，给予个体极大的自主空间。但在现实中，自由的界限难以精准划分，不同个体自由之间可能产生冲突。比如在公共场合，个人自由表达可能与他人的安宁权、名誉权等产生矛盾，这就需要我们进一步思考如何在保障个人自由的同时，协调不同自由之间的关系，使自由在合理的框架内实现正义。

原文（张雅萌译本）

德川伦理在讨论中坚持，诚实是正义的重要标准。她举例，考试作弊就是不正义的行为，无论结果如何，违背诚实原则就破坏了正义的准则，哪怕作弊者因此取得好成绩并获得短期利益，从长远和道德本质上看，都是错误的。

（第七章）

解析

德川伦理所代表的直观主义正义观，将某些道德准则视为绝对，诚实便是她心中正义的基石。这种观点具有明确的道德指向性，为人们的行为提供清晰的道德指引，有助于维护社会基本的道德秩序。但在复杂的现实情境中，绝对的诚实有时也会面临困境。例如，当说出真相可能会给他人带来巨大伤害时，是否仍要坚持绝对的诚实，这让我们反思直观主义正义观在处理具体问题时的灵活性不足，也促使我们思考如何在坚守基本道德准则的同时，兼顾实际情况，实现更高层次的正义。

原文（张雅萌译本）

正义并非单一光谱的投射，而是多重棱镜的交叠。功利主义者的最大幸福、自由主义者的个体权利、社群主义者的共同善——每一种理论都如棱镜的一面，折射出部分真相却无法囊括全景。在具体情境中，我们必须让这些光束交织：当个人自由撞击公共安全，当文化传统挑战普遍人权，正义的答案永远在对话中流动。固执于单一原则如同只许光线穿过一道窄缝，终将让世界失去色彩与深度。

（终章《正义的棱镜：在多元价值中寻找平衡》）

解析

桑德尔以棱镜隐喻揭示正义的多元性本质：功利主义的多数福祉、自由主义的个体权利、社群主义的共同善，如同三棱镜折射出的异色光谱，各自照亮部分真理却无法垄断全部光明。在校园监控争议中，功利计算的安全红利撞上自由主义隐私权铁壁，社群纽带又试图调和二者——这种碰撞恰恰证明正义无法被单一理论框定。真正的正义是动态光谱仪：当雅典陪审员抽签裁决苏格拉底生死时，当孟子权衡“嫂溺援手”的礼法冲突时，皆在具体情境中校准诸价值的角度。固守单一原则如同将棱镜固定于某一角度，世界从此只剩单色偏光；唯任棱镜随现实转动，在自由与安全、个体与社群的张力间寻找瞬息平衡，方能映出正义的七彩本相。静止的正义终成思想的囚笼。

《城堡》

弗兰茨·卡夫卡的《城堡》是20世纪表现主义文学经典，以荒诞寓言揭示现代人的生存困境。小说讲述土地测量员K受命前往神秘城堡任职，却在村民的冷漠与官僚体系的迷障中陷入无尽徒劳：城堡近在咫尺却永难抵达，文件审批陷入死循环，身份认同在虚实间游移。卡夫卡以冷峻笔触构建了多重隐喻——城堡象征僵化的行政体制与不可触及的绝对权威，村民的麻木映射现代人的异化生存，K的挣扎则暗含对存在意义的终极叩问。卡夫卡以“永远差一厘米”的触不可及，揭露正义的吊诡本质——当权力本身成为正义的裁决者，个体的抗争便沦为西西弗斯式的荒诞。未完成的文本更暗示：在绝对官僚化的世界里，正义或许本就是无法抵达的镜像。这部诞生于20世纪初的作品，预言了现代社会的精神困境：当程序正义异化为目的本身，当制度性暴力披上理性外衣，真正的公平与真相反成被系统排除的“异端”。城堡阴影下，每个人都是卡夫卡式的现代人，在体制的齿轮中寻找正义的残影。

原文（高年生译本）

K抵达的时候，天已很晚了。村子被厚厚的积雪覆盖着。城堡山笼罩在雾霭和夜色中毫无踪影，也没有一丝灯光显示巨大城堡的存在。K久久站立在由大路通向村子的木桥上，仰视着似乎虚无缥缈的空间。

（第一章）

解析

开篇K在雪夜抵达村子，城堡隐匿于浓雾黑暗中，这一景象奠定了神秘、未知的基调。从正义角度看，城堡代表着某种权威与规则所在，它的不可见象征着正义标准的模糊难辨。K满怀希望而来，却一开始就陷入迷茫，暗示着他对正义（进入城堡、确认自身土地测量员身份）的追求将充满艰难险阻，他在未知中摸索，不知从何处开启追寻正义的道路，而那看似近在咫尺却又遥不可及的城堡，正是他心中正义目标的具象化，却又难以捉摸。

原文（高年生译本）

卖啤酒的是一个年轻姑娘，名叫弗丽达，那是一个不引人注目的小个子金发女郎，一对忧伤的眼睛，瘦小的脸蛋儿，但她的目光却使人感到意外，那是一种特别自负的目光。当她的目光落到K身上的时候，他觉得这一看就已解决了关系到他的事情，而他自己对这些事情是否存在尚一无所知，但她的目光又使他深信其存在。

（第三章）

解析

弗丽达的出现是K追求正义路上的关键节点。她与城堡有着千丝万缕的联系，尤其是她曾是克拉姆的情人这一身份。K试图通过她接近城堡，获得进入城堡的机会，实现自己心中的正义诉求。但弗丽达的优越感表明她在这个权力体系（城堡）中有自己的位置和认知，她对K的态度复杂，既像是掌控者又像是被命运摆弄者。K在与她的关系中，逐渐意识到在追求正义的过程中，人性的复杂和人际关系的微妙是必须面对的，他的正义之路不仅要突破城堡的外在阻碍，还要应对这些内在的人心纠葛。

原文（高年生译本）

“我不想强迫您，”村长说，“只是请您考虑一下，我是您的——我不想说是朋友，因为我们素不相识——不过在一定程度上是一个事务上的朋友。我只是不能录用您当土地测量员；除此以外，您可以信赖我，有事尽管来找我，当然是在我掌握的不大的权力范围之内。”

“您总是说，”K说，“要不要录用我当土地测量员，可我已经被录用了。这是克拉姆的信。”

“克拉姆的信，”村长说，“这是很珍贵的、令人敬畏的，因为有克拉姆的签名，看来这签名是真的，不然——我可不敢自己一个人对此发表意见。——米齐！。”

（第五章）

解析

村长的话让K陷入两难，城堡官僚体系的混乱导致他身份的尴尬，本应是被聘请来的土地测量员，却被告知是误会。从正义角度，K的被聘请理应是合理合法的契约关系，城堡却轻易否定，这是对契约正义的践踏。而村长的解决方式也并非公正，只是在维护城堡既定的秩序，无视K的真实权益，反映出城堡所代表的权力体系下正义的扭曲，权力可以随意解释规则，让K这样的个体申诉无门。

《正义的决疑》

《正义的决疑》是一部兼具法学深度与人文关怀的刑法学著作。在法律的殿堂里，每一项判决都是对正义的诠释与追求。

这本书是车浩教授在刑事司法实践中对于“正义”这一核心问题的深入思考与反思，展现正义是决疑过程中的一种选择，而不是一种确定性的结果。在这本书中，车浩教授通过近几年社会多个热门典型案例，融合法教义学、社会学、经济学的相关理论，在有理但不枯燥的情况下展现了在司法案件中应如何处理法律与社会正义、理性与情感之间的微妙平衡，特别是在面对疑难案件时，应如何在“决疑”状态下做出判断。此书不仅是一次理论的深潜，更是对公众正义感的深刻回应与实践，它让刑法的理性光辉穿透日常生活，直抵人心。

原文

“女友和母亲同时落水，先救谁?”这个爱情场上的千古考验，自从出现在J大法学院考试题目中，就此摇身一变，成为法律人津津乐道的话题：先救女友而未救母亲，是否构成犯罪?

答案有多重可能。

其一，如果一个人对母亲没有救助义务，结论当然是无罪。

其二，如果一个人对母亲和女友都有救助义务，那么无论救谁，对另一个未获救者来说，行为人都将因为未履行救助义务，而满足了不作为杀人在构成要件层次的特征，并因此被暂时推定为不法。

只不过，在接下来的违法性层次的检验中，通过义务冲突的法理，来推翻之前暂时推定的不法，最后因不具有违法性而得出无罪结论。

其三，如果一个人仅对自己的母亲有救助义务，那么，先救女友而未救母亲的行为，就满足了不作为杀人的构成要件特征。接下来，在违法性层面，鉴于生命的等价性，抢救的利益（女友的生命）并不大于损害的利益（母亲的生命），不能成立阻却违法性的紧急避险，也找不到其他的出罪理由。

既然违法性层面挡不住入罪的脚步，就再往下进入责任层面的检验。此时，倒是可以考虑阻却责任的紧急避险，毕竟，损害的利益（母亲的生命）也不大于抢救的利益（女友的生命）。于是，在入罪检验的最后一关，得出无罪的结论。

这就是“先救女友而未救母亲”的归责思路。

（第一章）

解析

此案例将法律义务与亲情伦理、个人自由置于矛盾冲突的焦点。从法律层面而言，基于实质作为义务理论，子女对父母存在救助的保证人义务，不履行该义务符合不作为犯罪的构成要件。但从个人自由角度出发，在生死瞬间强迫一个人做出非此即彼的抉择，显然违背人性本能。这充分体现出正义在不同价值维度衡量下的复杂性。法律正义需维护社会秩序与公序良俗，而道德正义则强调人性关怀与情感认同。若仅依据法律条文定罪，虽维护了法律的权威性，却可能罔顾人性与社会伦理情感；若不定罪，又会对法律的严肃性造成冲击。这促使我们审慎思考在法律制定与适用过程中，如何在保障正义实现的同时，充分尊重人性，达成法律正义与道德正义的和谐统一，找到二者之间的平衡点。

原文

甲的女友乙在J城幼儿园当老师。某日，多名群众向媒体举报，声称自己的孩子在J城幼儿园里被乙针扎，并提供了孩子身上多个针眼的照片。此事在短时间内形成舆论热点，引发人们的关注和愤慨。

经过法院审理，幼儿园教师乙针扎儿童的行为，被认定为虐待被监护、看护人罪，判处有期徒刑一年六个月，同时被禁止自刑罚执行完毕之日或者假释之日起五年内从事未成年人看护教育工作。

案件结束了，不意味着法理上的思考结束。值得追问的是，如果在幼儿园里，出现了某种虐待儿童的行为，那些对此知情但未予制止或报警的教职员们，在刑法上是否有责任呢？幼儿园教师除了自己不能伤害儿童之外，是否有义务保证儿童不受到他人伤害？

在此之外，更深层的问题是，由这一个案引发的全社会对幼教行业的不信任，究竟应该如何化解？

（第二章）

解析

该案例主要探讨了，在特定职业场景下，保证人地位的界定以及正义如何在职业责任与法律责任之间得以彰显。幼师承担着保护幼儿安全与健康成长的职业责任，目睹虐待行为却坐视不管，严重违背职业伦理。从正义的视角来看，保障幼儿的权益是社会基本正义的必然要求。对无动于衷幼师的保证人地位予以认定，将职业责任与法律责任紧密关联，无疑是对正义的有力维护。然而，在司法实践中，必须精准明确保证人地位的范围，防止法律责任的过度扩张，在充分保障幼儿权益的同时，确保公平公正地对待幼师，使法律正义在具体的职业情境中得以准确落实，实现各方利益与正义诉求的平衡。

原文

J城破获了一起拐卖儿童案，警方找回了被拐走15年的李四。李四5岁在楼下玩耍时，被人贩子以哄骗方式拐走并卖到异地。受限于侦查手段和技术条件，案件多年来一直未取得突破。

案件侦破后，J城居民欢欣鼓舞，但当得知这个案子的情节在刑法上最多只能判10年，又感到不解和愤怒。要求严惩人贩子、“拐卖儿童一律死刑”的舆论浪潮，在J城的各种社交媒体上扩散。

打击拐卖儿童的行为，是所有人的共识。但是否要一律死刑，仍然需要冷静的思考。刑法规定拐卖妇女儿童罪，保护的目的是什么？是保护儿童不作为商品被贩卖的利益，还是抚慰被拐儿童家长的精神损害？对“人贩子一律死刑”，是否真的能有效实现预想的保护目的？在“人贩子一律死刑”的喧哗争议中，正反双方能够分享哪些共识？

归根结底，这不是一个是否要加大对儿童保护的问题，在这一点上双方没有冲突——而是什么形式的保护才是最有效的问题。

（第九章）

解析

该案例深刻反映出民众朴素正义观与法律理性正义之间的矛盾与协调。民众出于对拐卖恶行的深恶痛绝，强烈要求对人贩子一律判处死刑，这源自他们对正义的急切渴望和对犯罪的严厉惩处心理。但法律的制定和实施需要全面综合考量刑罚目的，涵盖预防犯罪、改造罪犯以及维护社会秩序稳定等多个方面。一味追求重刑，可能会促使罪犯采取极端行为，反而对受害者造成更大危害。现行的差异化刑罚规定从社会整体利益出发，以理性的方式实现正义，在对犯罪的惩处与对受害者的保护之间达成平衡，这表明法律正义在制定刑罚时，必须全面权衡各种因素，以实现最佳的社会效果，兼顾民意与法律理性，使正义以更恰当、更有效的方式得以实现。

三、实践延伸

（一）自我审视

回忆一次你目睹不公却选择沉默的时刻：或许是校园里同学被群体排挤时你欲言又止，又或许是公共场合中听见歧视性言论时你低头回避。那些沉默的瞬间，像一块卡在喉间的碎冰，在事后的午夜时分灼痛良知。若重来，你会如何行动，沉默背后的深层恐惧是什么？

（二）情境设定

你所在的团队计划将活动经费集中用于少数核心成员的培训，而忽略了普通员工的参与需求。你注意到这种资源分配的倾斜可能打击团队凝聚力，但担心提出异议会被视为“斤斤计较”或“挑战管理者权威”，最终选择沉默。

建议阅读：罗尔斯的《正义论》，试着将自己置于“无知之幕”后：如果今天被忽视的是你，你期待他人如何行动？这种“换位思考”能破除“事不关己”的侥幸，将正义从抽象概念转化为切身的道德义务。

行为实验：记录“三次微小正义时刻”，递出公平的“放大镜”，如提醒插队者排队、在景区有人刻字加以制止。观察这些微小行动如何逐渐重塑你对“正义可实践”的认知——正义不是英雄主义的孤胆冲锋，而是普通人的持续觉醒。

（三）实践活动

（1）在校园内设置校园正义信箱，匿名收集学生遇到的非正义事件、校园内的隐性欺凌事件，制作宣传正义主题创意短视频比赛，联合心理咨询师开展“修复式正义”工作坊。

（2）收集祖辈参与土地改革、父辈举报假冒伪劣商品、同辈网络维权等不同时代的正义实践。制作时间轴对比不同年代“正义”定义的演变，研究法制完善与公民意识觉醒的互动关系。设计“正义记忆盲盒”，将家族故事转化为剧本杀素材，在青年社群开展沉浸式道德思辨游戏。

主题10

坚韧

一、内涵解析

坚韧是一种个体在压力、逆境或创伤中保持心理稳定，并通过适应与调整实现自我修复与成长的综合能力。在人类文明的长河中，其作为突破生存困境的核心品质，在不同文化谱系中演化出独具特色的精神范式。东方哲学以天人合一的思维框架，将坚韧精神编织进宇宙运行与人格养成的双重维度。儒家通过孟子“天将降大任”的命题，将个体磨难升华为承接天命的神圣考验，在“苦其心志，劳其筋骨”的淬炼过程中，完成从生物性存在到道德主体的转化。《周易》“天行健”的宇宙观，则把日月更迭、四时轮转的自然永恒性，转化为“自强不息”的人格塑造动力，使坚韧不仅是个体修为，更是对天地大道的遵循。道家另辟蹊径，在《道德经》“柔弱胜刚强”的辩证智慧中，揭示出水滴石穿的持久之力，这种以退为进、以柔克刚的生存策略，为坚韧精神注入了弹性智慧。禅宗更将困境本身视为觉悟的资粮，《六祖坛经》“烦恼即菩提”的顿悟，将外在磨难的承受转化为心性修炼的契机，开创出逆境中明心见性的精神突围路径。

西方文明对坚韧的诠释则呈现出理性与信仰的双重变奏。古希腊哲人在城邦政治的动荡中发展出独特的坚韧哲学：赫拉克利特以“逆境是最好的教师”的箴言，将斗争视为灵魂锻造的熔炉；斯多葛学派通过塞涅卡的“控制二分法”建立起理性调控情感的韧性模型，至今仍是现代压力管理的源头活水。基督教传统通过《约伯记》的受难叙事，将坚韧精神神圣化为对绝对信仰的持守，约伯在失去财产、健康与子女的极端境遇中依然保持虔敬，这种“无因由的坚守”为西方精神注入超验维度。至尼采提出“杀不死我的使我更强大”的强力意志，将苦难重新编码为生命力量的试金石，完成从神学忍耐到主体能动的现代性转换，为存在主义哲学开辟出新的精神战场。

现代学科体系的发展，使坚韧研究突破哲学思辨进入实证领域。心理学通过抗逆力理论揭示创伤后成长的心理机制，马斯滕提出的“普通魔法”概念，证明韧性并非天赋异禀，而是可培养的基本潜能；安吉拉·达克沃斯的坚毅力研究则量化了“持续激情与坚持”对成就的预测效力，用科学数据印证了孟子“增益其所不能”的古老洞见。在生物学视角下，达尔文“适者生存”定律在分子层面获得新解——表观遗传学证明环境压力可能激活特定基因表达，为张载“艰难困苦，玉汝于成”提供了生物进化证据。在社会学领域，曼德拉“长程自由”理念展现出集体坚韧的时空维度，将个体生命的坚持延伸为代际接力的文明工程，在种族隔离制度的废墟上树立起社会韧性的典范。

这种跨文明的对话揭示出坚韧精神的深层结构：它既是生物体应对环境压力的生存本能，也是文明存续的精神基因；既需要斯多葛式的理性调控，也依赖禅宗式的顿悟超越；既展现为《周易》“自强不息”的刚健进取，也蕴含着《道德经》“柔弱如水”的持久智慧。当现代人在物质丰裕与意义危机的夹缝中重访这些精神遗产，坚韧不再是痛苦的被动承受，而是转化为主动选择的生命美学——在基因编码与文化记忆的双重加持下，人类始终保有在废墟上重建神殿、于绝望中创造希望的可能。

二、经典导读

《悲惨世界》

《悲惨世界》是维克多·雨果创作的法国文学巨著，于1862年出版，被誉为“19世纪社会史诗”。作为世界文学巅峰之作，《悲惨世界》被译成100余种语言，销量超千万册，并入选BBC“百部最伟大小说”。其对“贫穷即罪恶”的控诉、对“光明源于黑暗”的救赎观，深刻影响托尔斯泰、陀思妥耶夫斯基等文豪。

小说以1815年拿破仑溃败至1832年巴黎起义为历史幕布，编织了一部跨越法律、宗教、革命的人性史诗。主人公冉·阿让因为偷了一块面包而被判19年苦役，在出狱后遭遇的并非新生而是更残酷的社会性死亡。当他带着“危险分子”的黄色身份证流浪时，米里埃主教用馈赠的银烛台救赎了他的灵魂，迫使冉·阿让在永不停歇的道德自律中重塑人格。从蒙特伊市的马德兰市长到巴黎街巷的起义战士，其身份转换背后是持续四十年的自我审判，从而展现了道德韧性最复杂的形态——它需要不断制造新的困境来验证精神的纯度。

女工芳汀、警探沙威、革命青年安灼拉等人物命运的交织，揭示了社会压迫下人类精神的韧性光谱——从生存本能到道德升华的多维抗争。1832 年巴黎起义的街垒战场，是理想主义韧性的集体狂欢。当安灼拉高呼“未来将以我们的鲜血书写”，当伽弗洛什在枪林弹雨中拾捡子弹哼唱童谣，雨果将革命诠释为文明自我更新的创生仪式。流浪儿口袋里“子弹壳与野花”的意象，暗喻着暴力镇压无法扼杀的精神萌芽。马吕斯从墓穴带回的染血旗帜，既是失败的见证，更是理想火种的休眠载体——这种将肉体毁灭转化为精神传承的韧性模式，在 1871 年巴黎公社的烈焰中得到历史性呼应。

雨果以手术刀般精准的社会剖析，将 19 世纪法国的阶级矛盾、司法不公、贫富分化化作培育人性韧性的极端实验室，在黑暗深渊中寻找文明存续的精神火种。

原文（李丹、方于译本）

我们已经说过，冉·阿让只是个无知识的人，并不是个愚蠢的人，他心里生来就燃着性灵的光。愁苦（愁苦也有它的光）更增加了他心里的那一点微光。他终日受着棍棒、鞭笞、镣铐、禁闭、疲乏之苦，受着狱中烈日的折磨，睡在囚犯的木板床上他扪心自问，反躬自省。

（第一部第二卷第七章 失望的内容）

解析

冉·阿让在土伦监狱的自我审判，揭示了韧性生长的残酷土壤。镣铐磨破的脚踝与《刑法典》划燃的火光形成隐喻——肉体受难与精神觉醒的共生关系。这种在非人化折磨中保存的人性火种，构成了对抗社会异化的原始韧性。

原文（李丹、方于译本）

主教走到他身边，低声向他说：“不要忘记，永远不要忘记您允诺过我，您用这些银子是为了成为一个诚实的人。”冉·阿让绝对回忆不起他曾允诺过什么话，他呆着不能开口。主教说那些话是一字一字叮嘱的，他又郑重地说：“冉·阿让，我的兄弟，您现在已不是恶一方面的人了，您是在善的一面了。我赎的是您的灵魂，我把它从黑暗的思想和自暴自弃的精神里救出来，交还给上帝。”

（第一部第二卷第十二章 主教工作）

解析

命运的不公与社会的歧视让冉·阿让产生了报复社会的心理，他从主教家偷走了银器。但主教却在警察面前说银器是自己赠送的，帮冉·阿让脱罪，并送给了他一套价值不菲的银烛台。物质馈赠解救肉体饥饿，精神宽恕却成为终身枷锁。主教用“信任”这种危险礼物，迫使冉·阿让在永不停歇的道德自律中重塑人格，建立起更坚固的精神自律体系。

原文（李丹、方于译本）

芳汀想道：“我的孩子不会再冷了，我已拿我的头发做她的衣裳。”她自己戴一顶小扁帽，遮住她的光头，她仍旧是美丽的。

（第一部第五卷第十章 大功告成的后果）

解析

女工芳汀被一个贵族青年诱骗失身生下私生女，遭无情抛弃后又被工厂辞退。为了孩子，她用秀发换10法郎、门牙换40法郎，最后被骗沦为妓女。她典当秀发的场景，将母性坚韧具象为身体部件的置换仪式，也暴露出底层群体维持生命存续的极限韧性。

原文（李丹、方于译本）

“他安息了。尽管命运多舛，
他仍偷生。失去了他的天使他就丧生；
事情是自然而然地发生，
就如同夜幕降临，白日西沉。”

（第五部第九卷第六章 荒草隐蔽，雨露冲洗）

解析

这是写在冉·阿让墓碑上的四句诗，尽管他经历过社会的不公，在主教唤回他纯真的善良之心时，他还是坚强地求生，并且对底层人民做出自己最大的帮助。在黑暗中坚持希望，在苦难中坚持人性向善，个体的坚韧终将汇聚成推动社会进步的精神力量。

《活着》

《活着》是余华创作的长篇小说，1992 年首版，被誉为“中国当代文学的苦难史诗”。该书获意大利格林扎纳·卡佛文学奖（1998 年）等多项国际荣誉，被译成 30 余种语言，全球销量超 2000 万册。其“活着哲学”穿透时代焦虑，成为当代青年抵抗虚无的精神隐喻，书中“鸡变鹅，鹅变羊”的生存寓言与“少年去游荡，老年当和尚”的苍凉慨叹，已成解读中国式生存智慧的经典文本。

小说通过第一人称回溯叙事，讲述了主人公徐福贵坎坷悲惨的一生。他本是地主家的少爷，却因嗜赌成性输掉了全部家产，父亲也因此郁郁而终。此后，福贵开始了贫苦的农民生活，经历了被抓壮丁、母亲病逝、女儿聋哑等一系列变故，儿女、妻子、女婿、外孙等至亲又接连死于非命。小说用冷峻的笔触将个人苦难史嵌入土地改革等历史褶皱，展现了超越悲剧的生存韧性——福贵在所有社会身份（地主少爷、战俘、农民、父亲）被历史车轮碾碎时，却始终以乐观、豁达的态度去忍受生命中的种种不幸。他的坚韧不是英雄式的壮烈，而是像土地一样沉默，像老牛一样执着的农民式顽强。

福贵在“人是为了活着本身而活着，而不是为了活着之外的任何事物而活着”的朴素哲学中，完成了对生命终极意义的野蛮解构。余华用“重复死亡”的叙事暴力，将读者逼入存在主义的绝境：当活着成为仅剩的选项，坚韧不再是美德而是最原始的生命本能。

原文

这辈子想起来也是很快就过来了，过得平平常常，我爹指望我光宗耀祖，他算是看错人了。我啊，就是这样的命。年轻时靠着祖上留下的钱风光了一阵子，往后就越过越落魄。这样反倒好，看看我身边的人，龙二和春生，他们也只是风光了一阵子，到头来命都丢了。

解析

这段朴素的生命总结，解构了传统“坚忍”的悲壮色彩。福贵将“落魄”转化为生存优势的认知，与道家“祸福相依”思想形成隐秘对话——主动降低生存预期，反而获得更持久的生命韧性。

原文

我看着那条弯曲通向城里的小路，听不到我儿子赤脚跑来的声音，月光照在路上，像是撒满了盐。

解析

儿子有庆因给县长夫人献血被过量抽血致死。“盐”的意象同时指向伤口（撒盐之痛）与保存（腌渍防腐）。月光将丧子之痛转化为大地结痂的永恒创伤，而“听不到脚步声”的听觉记忆残留，暴露了韧性中不可愈合的裂缝——真正的坚韧从不是麻木，而是带着裂痕继续前行。

原文

家珍死的时候，我一滴眼泪都没掉出来。失去了儿子有庆和女儿凤霞对我来说，已经是一个巨大的打击了。家珍离去时，不是我不想哭、不愿哭，而是我觉得哭已经完全解决不了问题了。我知道，我要习惯失去。之后的生活还得继续，我得忙碌起来。整日为生存忙碌的我，几乎没有时间去思考其他事情。我常说：“人要是累得整天没力气，就不会去乱想了。”

解析

家珍的离世，是福贵生命中又一沉重打击。此前儿子有庆、女儿凤霞的离去，已让他悲痛万分。可此时，福贵没有眼泪，并非无情，而是他在无数次打击中明白，哭泣无法改变现状。“习惯失去”四字，道尽他的无奈与坚韧。他选择让自己忙碌起来，用劳动麻痹痛苦，激励自己继续前行。这种在极度悲痛中仍能积极面对生活、努力活下去的态度，正是福贵坚韧精神的体现。

原文

我知道黄昏正在转瞬即逝，黑夜从天而降了。我看到广阔的土地袒露着结实的胸膛，那是召唤的姿态，就像女人召唤着她们的儿女，土地召唤着黑夜来临。

解析

小说结尾处，福贵所有亲人皆已离世，只剩他与老牛相伴。亲人离去如同黑夜，带走了他生活的光明与温暖。但福贵眼中的土地以召唤之姿迎接黑夜，“土地”象征着福贵坚韧的生命依托，赋予他承受苦难、顽强活下去的力量。

“像女人召唤着她们的儿女”这一比喻，生动呈现了福贵与土地的深厚情感。即便生活满是痛苦，他依旧珍视活着的每一刻，如同孩子眷恋母亲怀抱，紧抓生活希望。

《钢铁是怎样炼成的》

《钢铁是怎样炼成的》是尼古拉·奥斯特洛夫斯基创作的苏联文学经典，1932年至1934年分两部完成，被誉为“社会主义现实主义的巅峰之作”。作为苏联文学标杆，该书全球发行超5000万册，译介至80余国，深刻影响20世纪社会主义阵营的精神建构。

小说以作者奥斯特洛夫斯基自身经历为蓝本，记录了主人公保尔·柯察金从乌克兰小镇的顽童蜕变为钢铁战士的历程。当12岁的保尔因报复神父被赶出学堂，在车站食堂的馊水桶里打捞沾满油污的硬币时，阶级压迫的灼痕已在他掌心烙下最初的革命胎记。当布琼尼骑兵军的马蹄踏碎波兰白军的防线，他在硝烟中挥刀冲锋的姿态，宣告着自发反抗升华为意识形态自觉的质变。西伯利亚寒流肆虐的博亚尔卡铁路工地，共青团员们用冻裂的双手铺设枕木，伤寒与匪徒的子弹不断削减队伍规模，但保尔嘶吼着“我们不是为了一块面包打仗”的宣言，将生存本能转化为精神耐力的极限测试。这种将肉身苦难审美化的过程，暗合钢铁锻造的工业逻辑：每一次弹片的嵌入、每一处冻疮的溃烂、每一块骨头的折断，都是革命者“消除杂质”的淬火工序。

即使全身瘫痪、双目失明，保尔仍在病榻上用硬纸板框住稿纸，手指在黑暗里摸索着书写，以惊人的意志完成自我生命的文学重构，并最终凝结成“人最宝贵的是生命”的著名独白——当个体生命被置于“为人类解放而斗争”的天平之上，肉体的破碎反而成为精神纯度认证的印章。这种将生理极限转化为信仰动能的残酷美学，揭示了革命年代特殊的韧性法则：真正的钢铁不在高炉中诞生，而在理想主义者被历史铁砧千万次锤打时，从灵魂深处迸溅出的意志结晶体。

原文（周露译本）

人最宝贵的是生命。生命每个人只有一次。人的一生应当这样度过：当回首往事的时候，他不会因为虚度年华而悔恨，也不会因为卑鄙庸俗而羞愧；在临终的时候，他能够说：“我把整个生命和全部精力都献给了世界上最壮丽的事业——为人类的解放而斗争。”

（第二部第三章）

解析

这段独白被刻入苏联共青团徽章。通过将个体生命绑定于人类解放事业，保尔消解了死亡恐惧——肉体的消亡不可怕，可怕的是脱离集体叙事的“虚度”。革命者的生命价值不是按物理时间计量，而是以“为理想斗争”创造了超越生物局限的意识形态永生系统。

原文（周露译本）

“老兄，这不过是虚假的英勇行为！任何一个笨蛋都会随时冲着自己开一枪。这是摆脱困境的最怯懦也是最容易的办法。活得艰难，就自杀。对于胆小鬼来说，没有比这更好的出路了。可你试过去战胜这种生活吗？你是否已经尽了一切努力来冲破这个铁环呢？难道你已经忘记了在诺沃格勒—沃沦斯基城下，是如何一天发起十七次冲锋，克服千难万险，最终攻克了那座城市的吗？把手枪藏起来，永远不要对任何人提起这件事。纵然生活到了实在难以忍受的地步，也要能够活下去。要竭尽全力，让生命变得有益于人民。”

（第二部第八章）

解析

保尔重伤后失去了自己认为最宝贵的东西——战斗的能力，他将自杀冲动客体化为“假英雄”进行审判，通过第三人称分裂完成意识形态自净。保尔自杀未遂事件非但不是韧性溃败，反而成为无产阶级战士的终极认证——在扣动扳机的临界点，保尔用集体主义逻辑对生物本能完成夺权，将生存本身异化为最坚韧的自我革命。

原文（周露译本）

当保尔躺在手术台上，手术刀割开颈部，切除一侧的副甲状腺时，死神的黑翅膀曾经碰过他三次。但是保尔的生命力十分顽强。每次，经过几个小时提心吊胆的等待之后，达雅总是发现丈夫尽管脸色如同死人般惨白，可是毕竟还活着，而且跟往常一样镇定和蔼。

“别担心，小姑娘。要我进棺材可没那么容易。我还要活下去，而且要大干一场，有意跟那些医学权威的结论捣捣乱。他们对我病情的诊断完全正确，但是硬说我百分之百地丧失了劳动能力，那就大错特错了。咱们还是走着瞧吧。”

（第二部第九章）

解析

这段生死较量是保尔用肉身写就的另类革命宣言。当医生们用手术刀宣判他死刑时，这个老战士把手术台变成了新战场——三次被死神掐住喉咙，三次都顽强地活过来。

原文（周露译本）

巴扎诺娃医生出差到莫斯科，前来看望保尔。他们谈了很久。保尔激动地告诉她，自己已经选定了一条道路，力争在不久的将来重返战士的行列。她看见保尔两鬓已经长出银色的发丝，不由得低声说：“我看得出，您经受了很多磨难。但是您仍然没有丧失您那永不熄灭的热情。还有什么比这更可贵的呢？您作了五年的准备，现在决定动笔了，这很好。可是您怎么工作呢？”保尔笑了笑，安慰她说：“明天他们会给我送来一块格子板，是用硬纸板刻出来的。没有这东西我写不成字。上一行和下一行常常串起来。我琢磨了很久才想出这个办法，那就是在硬纸板上刻出一条条长格子，使我的铅笔不会写到格子外面去。当你看不见你所写的字的时候，写字是很困难的，但并非不可能。我坚信这一点。我曾经试了很久，但是怎么也写不好。现在我开始慢慢地写，每个字母都写得很小心，结果相当不错。”

（第二部第九章）

解析

面对巴扎诺娃的担忧，保尔像当年布置战术般讲解自制“文字战壕”：纸板沟槽是工事，铅笔是刺刀，缓慢书写是持久战策略。银发与笑容的对比构成革命美学的两极：肉体在岁月炮火中斑驳，灵魂却在信仰堡垒中越发明亮。当他说“这不是不可能”，是拥有钢铁意志的战士宣言。

《相信》

《相信》是蔡磊（京东集团原副总裁）创作的励志纪实作品，于2023年出版。作者以自身抗击渐冻症（ALS）的真实经历为蓝本，记录从确诊到直面死亡的心路历程。全书以“向死而生”为主轴，分三幕展现现代人罕见的生命韧性：商业精英的理性崩塌、绝症患者的精神重组、社会动员者的破界突围。当医学宣判“2～5年生存期”时，蔡磊开启“最后一次创业”，他将京东时期的“效率革命”复刻至生命战场：建立全球最大的渐冻症医疗科研平台“破冰驿站”，打通患者数据、科研机构、药企的协作链路。他在病床上完成《渐冻症患者生存状况白皮书》，用10万份样本数据倒逼药物研发进程。

当手指肌群逐个“断联”，蔡磊用仅能移动的眼球操控红外线传感器，以每分钟3个字的速度撰写《相信》。他拒绝扮演悲情角色，转而成为“人体试验先驱”，同时服用7种未上市新药，为科研积累宝贵数据。他打破病友群体的沉默螺旋，发起“冰桶挑战2.0”：通过直播展示插胃管、呼吸机维生等残酷日常，迫使公众直视渐冻症真相。他建立的“渐冻人家庭互助网络”，将散落的绝望个体编织成生命共同体。最震撼的是“遗体捐献计划”——说服3000名病友签署大脑与脊髓捐献协议，为病理研究留下“生命密码”。

蔡磊的“相信”不是心灵鸡汤式的盲目乐观，而是基于概率计算的战略突围：当治愈率不足0.1%，就用1000%的努力撬动可能性。书中“打光最后一颗子弹”的生存美学，为AI时代的人类提供精神疫苗——在算法统治的世界里，肉身或许脆弱，但意志永远保有掀翻概率论的原始力量。

原文

说干就干。出院次月，渐冻症患者大数据科研平台的搭建工作开始启动。虽说我连续创业过多次，也管理过数家初创企业，但大部分都聚焦在财经领域。医疗对我来说是一个完全空白、新鲜的领域，除了樊东升医生，其他医生我一个都不认识。所以，我一切从零起步。好在我对自己的学习能力一直有信心。可以说，“学习”是我这几十年来从未停止过的事情。

（第三章 最后一次创业）

解析

当生命进入倒计时，蔡磊选择以商业思维为杠杆撬动医学困局，其坚韧并非被动承受苦难，而是将过往创业形成的“肌肉记忆”转化为跨学科作战的锋刃。这种在绝境中主动创造可能性的能力，恰是最高阶的生命韧性——既包含对专业壁垒的爆破力，更彰显向死而生的哲学智慧。

原文

“什么是希望？”媒体采访中，我多次被问到这个问题。我也与一位渐冻症患者交流过，他说："彩虹有时会被狂风暴雨遮蔽，这时，我们可以点亮一盏灯，把光明照进暴风雨中，编织我们自己的彩虹。这就是希望。"

（第七章 重新定义希望）

解析

蔡磊与病友的对话重构希望本质：真正的坚韧不是等待风暴停歇，而是以病躯为灯芯，在神经退化的暴雨中燃烧。当医学无解时，他把渐冻的身体拆解成科研拼图，用器官捐献完成最后冲锋。这种将绝望转化为火种的能力，让每个细胞都成为破冰的刻刀——所谓希望，从不是云层后的彩虹，而是匍匐者用生命擦出的星火，在黑暗中连成引路的银河。

原文

"在我去世之后，将把脑组织和脊髓组织无偿捐献给医学研究使用。既然全世界都无法攻克渐冻症，没有特效药，也找不到病因，我就豁出去，打光自己的最后一颗'子弹'，为下一代病友带来更大的救治希望。"

（第八章 打光最后一颗子弹）

解析

蔡磊以渐冻之躯突破生命极限，将遗体捐献化为攻克渐冻症的"最后子弹"。当医学陷入困局，他撕碎"保全自我"的生存逻辑，用破碎的神经元铺就科研之路。这份超越生死的坚韧，让个体悲剧升华为群体希望——即便身躯凝固，脊髓与脑组织仍在为后来者燃烧，证明绝境中的奉献才是对命运最锋利的反击。

原文

所以，相信相信的力量。不是有希望才去努力，而是因为努力，才看到了希望。

（第九章 倒下之前的N件事）

解析

蔡磊用渐冻之躯破冰前行，重释坚韧内核：当生命坠入无光深渊，"相信"成为刺破黑暗的冰镐。他以肉身作火把，在肌萎缩的狂风中将"努力"前置——不是追逐缥缈希望，而是把每次呼吸都锻造成希望的火星。这种向死而生的坚持，让抗争本身成为意义之源，证明真正的光明从不悬于天际，而是从破碎处迸发的、血泪凝结的极光。

《你当像鸟飞往你的山》

《你当像鸟飞往你的山》是美国作家、历史学者塔拉·韦斯特弗于2018年创作的自传体小说，讲述了她如何挣脱原生家庭的桎梏，通过教育重塑自我的坚韧成长历程，真实记录了从“山野女孩”到“剑桥学者”的撕裂式成长。作为全球现象级作品，该书销量超1000万册，连续80周蝉联《纽约时报》畅销榜，获比尔·盖茨年度荐书及美国国家书评人协会奖，被比作“21世纪《安提戈涅》”。其影响力穿透文学领域，掀起关于原生家庭、极端信仰与教育代际突围的全球讨论，豆瓣书评超10万条。

塔拉出生于美国爱达荷州的一个极端摩门教家庭，父亲偏执且不信任政府与医疗机构，家中孩子们没有出生证明，也不接受正规教育，而是跟随父亲在废料场劳作，或是在母亲的草药作坊帮忙。成长过程中，塔拉不仅要面对家庭劳作带来的身体伤痛，还要忍受父亲的精神控制与兄长的暴力威胁。但她心中始终有着对外面世界的向往，这种渴望驱使她在17岁那年，通过自学考取杨百翰大学，第一次走进课堂接受正规教育。

进入大学后，塔拉面临着知识储备不足、与同学格格不入等诸多挑战。但她凭借着顽强的毅力，不断地学习与反思，因而也逐渐意识到原生家庭的荒诞与错误，并与之产生激烈冲突。面对家人的不理解甚至排斥，她没有退缩，而是勇敢地选择忠于自己的内心，继续追求真理和自我成长，最终获得了剑桥大学哲学硕士和历史学博士学位。塔拉将原生毒药转化为精神抗体的能力，完成了从“塔拉”到“泰勒”（塔拉给自己的新身份）的蜕变。这正是最高级的韧性形态——不否认来路的阴影，而是将其转化为照亮前路的磷火。

原文（任爱红译本）

我一瘸一拐地穿过牧场，直到爸爸消失在视野中，才在麦草上失声崩溃。我颤抖着，大口大口地喘着粗气。我不明白我为什么哭。我还活着。我会没事的。天使们已尽了他们的本分。可我为什么无法停止颤抖呢？

（第一部分 大小盾牌）

解析

塔拉自10岁起就跟着爸爸去废料场干活，当她受伤时，父亲却告诉她“上帝和他的天使就在我们身边守护呢，他们是不会让你受到伤害的"，并坚决不让她去医院，只是让母亲用自制的草药简单处理。废料场的物理伤害成为塔拉最早的韧性训练场，身体和精神上的双重压力，在她心中种下了渴望改变的种子，促使她后来努力寻求教育，试图摆脱这样的生活环境。

原文

我能在风中站稳，是因为我不是尝试站在风中。风就是风，人能受得了地面上的阵阵狂风，所以也能禁得住高空的风。

（第二部分 卖花女）

解析

塔拉借这段话将生活中的困难比作风，不刻意去抗拒，而是以一种平和的心态去接受和适应。因为，她已经明白困难是生活的一部分，只要内心强大，就能承受住任何狂风的侵袭，无论身处何种艰难境地，都能站稳脚跟。

原文

过去是一个幽灵，虚无缥缈，没什么影响力。只有未来才有分量。

（第三部分 悲剧之后的闹剧）

解析

塔拉经历了原生家庭的极端控制和暴力，她将过去视为幽灵，并不是否定创伤存在，而是通过教育重建自我认知，从被动承受转化为主动选择，将创伤转化为成长的动力，用未来作为支点来撬动改变的可能，这是对时间的主权宣誓。

原文

那天晚上我召唤她，她没有回应。她离我而去，封存在了镜子里。在那一刻之后，我做出的决定都不再是她会做的决定。它们是由一个改头换面的人，一个全新的自我做出的选择。

你可以用很多说法来称呼这个自我：转变，蜕变，虚伪，背叛。

而我称之为：教育。

（第三部分 教育）

解析

这是写在结尾的一段话，塔拉以"镜中封印"隐喻精神弑亲的决绝——当旧我被封存在宗教偏执与家庭暴力的镜像里，教育成为砸碎镜面的认知铁锤。她承认这种蜕变近乎“背叛”，却拒绝为此忏悔：真正的坚韧不是修补破碎的旧我，而是容忍自我被知识暴力肢解后重组。那些剑桥课堂上的理论刀锋，剖开的不只是蒙昧的脑回沟，更是血缘忠诚的神经链。当她说“我称之为教育”，实则是宣告：所有浴火重生的自我，必先经历焚烧原罪的涅槃。教育在此不是温柔的启蒙，而是刮骨疗毒的认知起义。

《我与地坛》

《我与地坛》是史铁生的长篇哲思抒情散文集，作为中国当代散文巅峰之作，《我与地坛》自20世纪90年代起入选多版语文教材，这部作品是史铁生十五年来摇着轮椅在地坛思索的结晶，被余华誉为“中国文学给世界的礼物”。

自21岁双腿瘫痪后，史铁生被禁锢于方寸轮椅，他感到痛苦与迷茫，便常摇着轮椅去地坛。地坛成为他重构生命意义的道场，在那里他观察园中的四季更迭、自然变化，感悟到生命的韧性与美好。园子“荒芜但并不衰败”，无数微小的生命在顽强地生存着。他意识到，尽管命运对自己不公，但生命本身有着强大的力量，真正的坚韧不是与命运肉搏，而是在必然性的框架内，将限制升华为创造新生的契机。

母亲隐匿于柏树后的守望，构成全书最隐秘的情感伏线。她偷藏撕碎的手稿，未说出口的牵挂化作迟到的精神遗产。当写下“儿子的不幸在母亲那儿总是要加倍的”，史铁生以文学完成双重救赎：将私人创伤淬炼为人类共通的亲情困境，又与时空另一端的母亲和解。这种代际痛苦的转化，揭示坚韧的另一种形态——伤口可结晶为照亮他人的棱镜。

此外，史铁生还观察着地坛里形形色色的人，如爱唱歌的小伙子、中年夫妇、长跑者等，他们有着各自的生活轨迹和苦难。通过对他们的观察与思考，史铁生跳脱出个人的遭遇，认识到生命的残缺是普遍存在的，而人们都在以自己的方式与命运抗争。他在此勘破生死悖论，“死是不必急于求成的事”的顿悟，是勘破宿命后的主动选择。这位困守者以思想为双足，开始自己的精神远征——真正的光明不在瞳孔所见，而在绝望中永不熄灭的精神火焰。

原文

十五年前的一个下午，我摇着轮椅进入园中，它为一个失魂落魄的人把一切都准备好了。那时，太阳循着亘古不变的路途正越来越大，也越红。在满园弥漫的沉静光芒中，一个人更容易看到时间，并看见自己的身影。

解析

开篇的地坛图景是史铁生精神突围的起点。当“失魂落魄”的轮椅青年撞见“剥蚀浮夸琉璃”的废园，两者形成镜像共生——破败的祭坛与残缺的躯体彼此映照。太阳“亘古不变”的运行轨迹，暗示着超越个体苦难的永恒秩序。此刻的史铁生尚未觉醒坚韧之力，但地坛已为他预设了精神道场：在时间的长河里，个体的创伤终将被锻造成理解存在的密钥。

原文

她来找我又不想让我发觉，只要见我还好好地在这园子里，她就悄悄转身回去……有过我的车辙的地方也都有过母亲的脚印。

解析

母亲不敢惊扰儿子的精神苦修，只能将牵挂转化为丈量车辙的脚步，这实则是用最朴素的行动诠释坚韧的本质——不是惊天动地的壮举，而是日复一日的坚持。史铁生多年后才读懂这份隐形之爱，母亲的坚韧如同地坛古柏，以静默根系对抗岁月风霜，为绝望者撑起最后的荫蔽。

原文

我常觉得这中间有着宿命的味道：仿佛这古园就是为了等我，而历尽沧桑在那儿等待了四百多年……十五年了，我还是总得到那古园里去，去它的老树下或荒草边或颓墙旁，去默坐，去呆想，去推开耳边的嘈杂理一理纷乱的思绪。

解析

史铁生十五年如一日地重返荒园，看似是被动囚禁，实则是主动建构精神堡垒。他将地坛的“老树/荒草/颓墙”转化为存在主义坐标，在凝固的时空中完成对生命本质的勘探——这种日复一日的“默坐/呆想”，恰是最具韧性的思维训练，如同禅僧面壁，在静默中参透生死。

原文

死是一件不必急于求成的事，死是一个必然会降临的节日。这样想过之后我安心多了，眼前的一切不再那么可怕。比如你起早熬夜准备考试的时候，忽然想起有一个长长的假期在前面等待你，你会不会觉得轻松一点？

解析

这段惊世骇俗的生死观，是历经炼狱后的理性结晶。史铁生用“节日”形容死亡，将恐惧转化为期待，不是消极妥协，而是勘破生命本质后的主动降维。当他将死亡比作“长长的假期”，实则是用黑色幽默解构终极恐惧——既然终点确定，何不把过程活成庆典？这种向死而生的坚韧，不同于热血沸腾的励志，而是数学般精确的生存策略：把有限生命切割为可管理的单元，如同考生分解复习计划，在绝望中开辟出可承受的日常。

原文

春天是树尖上的呼喊，夏天是呼喊中的细雨，秋天是细雨中的土地，冬天是干净的土地上的一只孤零的烟斗……譬如暴雨骤临园中，激起一阵阵灼烈而清纯的草木和泥土的气味，让人想起无数个夏天的事件。

解析

地坛四季在史铁生笔下成为韧性生长的隐喻系统。他发明了独特的感知语法：用“树尖呼喊”翻译春风，用“孤零烟斗”转码冬雪。当暴雨激荡草木气息，他从中解码出“无数个夏天的事件”——那些被健全人忽视的微观波动，在他耳中却是惊雷般的生命交响。这种将限制转化为感知特权的智慧，揭示出最高级的坚韧形态：不是对抗缺陷，而是将缺陷重构为认知世界的棱镜，在残缺中窥见完整的宇宙。

三、实践延伸

（一）自我审视

（1）你坚持最久的一件事是什么？中途想放弃时，哪些具体因素（人/信念/习惯）支撑了你？

（2）回忆一次“失败却带来成长”的经历：当时的痛苦如何影响了你后续的人生选择？

（二）情境设定

为了就业，你大学选择了人工智能专业，但因数理基础薄弱，多门核心课挂科且重修未过，而当前 GPT 技术迭代加剧了能力恐慌，导致自己一度想中断学业。

建议阅读：《终身成长》，用“成长型思维”替代能力固化认知，每天记录 1 个“可进化点”。

行为实验：每周向同学复述 1 个核心概念（如反向传播），录制过程可视化自我成长轨迹，持续 4 周绘制认知韧性曲线。

（三）实践活动

利用寒暑假，参加偏远地区的支教行动，在无网络、教材匮乏的山村小学，用废弃材料（如瓶盖、树枝）设计 AI 启蒙课，向孩子解释“算法”概念。记录孩子认知变化曲线，直观看到微小坚持的长期价值。

后记

在《基于人格养成的主题阅读》即将付梓之际，我的心中满是感慨。

首先是欣慰。编著一本将主题阅读与人格养成深度链接的书，是我多年来在阅读推广和研究道路上的一大心愿，尤其是到高校工作之后，这种愿望变得越发强烈，甚至都成为我心底的一份责任了。现在，看着这本逐步成型、即将付梓的书，欣慰之情自然是难以言表。

然而，遗憾也不可避免。首先，无论是主题阅读，还是将主题阅读作为人格养成的关键路径进行系统的论述，在理论界和实践领域都是第一次，都有“拓荒”的性质，这就使得本书在学术的完整性和严谨性方面难免存在不足。其次，在人格主题的经典导读中，由于涉及古今中外数以万计优秀作品的比对分析，加上文本搜索和解析中人工智能手段的运用，所以无论是在经典著作的遴选和介绍上，还是在具体语段的选择和释义上，都存在不少的纰漏甚至错误之处。最后，在与人格养成的10大重点主题的确定上，也有值得商榷和拓展之处。这些遗憾，既是本书的局限，也是未来的起点，我们将在后续修订中不断完善。

在此，我要衷心感谢许多人。感谢教育部职成司彭斌柏司长几年来在阅读以及阅读育人方面给予我的鼓励和指导。感谢每一位优秀的团队成员，大家在观点探讨、资料收集、框架确定、文字撰写等方面都付出了辛勤努力，记得有一次快凌晨2点了，作为团队主要成员的姚菡老师还在就书本编排中的一个细节在微信群里提出自己新的想法，这也让我深深感受到了大家想要把好事干好的决心和投入。感谢湖南大学中国全民阅读研究中心的主任刘舸教授，她在客观指出本书存在不足的同时仍以一颗包容之心为本书撰写了序言。同时，也要感谢所有关注、关心此书出版的每一位同事、每一位朋友。

关于书中各部分的撰写分工：我主要负责了书本的总体设计和统筹协调，并具体负责了导论部分和主题1“善良”部分的编写；姚菡老师主要负责了主题3

“爱”、主题6“勇敢”、主题10“坚韧”的编写，并在全书统稿阶段对单个主题的框架构成以及主要内容进行了认真把关；胡国安老师负责了主题7“独立”和主题8“责任”的编写；严诗瑶老师负责了主题4“美”和主题5“自信”的编写；夏晓天老师负责了主题9“正义”的编写；赵泉老师负责了主题2“真诚”的编写。

希望本书能为广大读者带来启发，帮助大家通过主题阅读塑造健全人格。也期待未来能有更多学者和教育工作者关注这一领域，共同推动阅读育人和阅读教育的发展。我和我的伙伴们也将继续努力！

谢圣国

湖南邮电职业技术学院党委书记、校长

湖南大学中国全民阅读研究中心研究员

2025 年 4 月